1932, sechs Monate vor Heisenberg, trug der fünfundzwanzigjährige Ettore Majorana den Kollegen vom Physikalischen Institut der römischen Universität – darunter Enrico Fermi – seine Theorie vom Atomkern vor. Er weigerte sich, sie zu veröffentlichen.

Die spätere Veröffentlichung Werner Heisenbergs kommentierte er mit den Worten, daß damit alles zu diesem Thema gesagt sei und »wahrscheinlich schon zuviel.«

Diesem Erschrecken, dem Schauder vor der eigenen Entdeckung, widmet Sciascia sein Buch: die Geschichte eines Genies und seines rätselhaften Verschwindens.

»Auf der Welt existieren Wissenschaftler verschiedener Kategorien. Personen zweiten und dritten Ranges, oder ersten Ranges.

Aber dann gibt es noch die Genies wie Galilei und Newton. Ettore Majorana war eben ein solches Genie.«

Enrico Fermi

Ettore Majorana als Achtzehnjähriger

Leonardo Sciascia

Das Verschwinden des Ettore Majorana

Aus dem Italienischen
von Ruth Wright und Ingeborg Brandt

Verlag Klaus Wagenbach Berlin

»Edle Wissenschaftler, ich kann Euren Angstrengungen nicht antworten mit etwas, das mehr sei als der Tod!«

Vitaliano Brancati,
Minutario (27. Juli 1940)

»Er hatte eine Vorliebe für Shakespeare und Pirandello.«

Edoardo Amaldi,
Biographische Notiz zu Ettore Majorana

I

*Rom, 16. 4. 1938 XVI**
Liebe Exzellenz.
Ich bitte Sie, Doktor Salvatore Majorana zu empfangen und anzuhören. Er muß Sie dringend wegen des unseligen Falles seines Bruders, des verschwundenen Professors, sprechen. Eine neue Spur könnte neue Nachforschungen erforderlich machen, in den Klöstern von Neapel und Umgebung, vielleicht sogar in ganz Süd- und Mittelitalien. Ich lege Ihnen den Fall wärmstens ans Herz. Professor Majorana war während der letzten Jahre einer der bedeutendsten Köpfe der italienischen Wissenschaft. Und wenn er, wie zu hoffen steht, noch zu retten ist und ins Leben und in die Wissenschaft zurückgeführt werden kann, darf kein Mittel unversucht bleiben.

Mit herzlichen Grüßen und allen meinen guten Wünschen zum Osterfest

Ihr Giov. Gentile

Dieser Brief mit dem Aufdruck »Senato del Regno« (Senat des Königreiches) im Briefkopf und auf dem Umschlag war von Senator Gentile als dringend *an Seine Exzellenz Senator Arturo Bocchini z. e. H.* (zu eigenen Händen) adressiert und hatte Bocchini, den Polizeichef, zweifellos noch am selben Tag, an dem er geschrieben wurde, erreicht.

Zwei Tage später erschien Doktor Salvatore Majorana im Vorzimmer der Amtsräume des Polizeichefs. Er füllte das Audienzgesuch aus und vermerkte in der Spalte des

* Jahr der faschistischen Zeitrechnung

Formulars, in der der *Grund des Besuchs* genau einzutragen war: *Bericht über wichtige Spuren in bezug auf den verschwundenen Professor E. Majorana. Brief des Senators Giovanni Gentile.*

Er wurde empfangen, womöglich sogar ungeduldig erwartet. Bocchini, der inzwischen Zeit gehabt hatte, sich über den Fall zu informieren, war sich sicherlich klar über die Aufgabe, die ihm Erfahrung und Beruf beigebracht hatten: daß nämlich auch diesmal zwei Formen von Wahn im Spiel waren, die des Verschwundenen und die der Familienangehörigen. Wissenschaft wie Poesie, man weiß es ja, sind nur einen Schritt vom Wahnsinn entfernt: und der junge Professor hatte diesen Schritt getan, indem er sich ins Meer oder in den Vesuv stürzte, wenn er nicht eine raffiniertere Todesart gewählt hatte. Und die Angehörigen, wie es ständig vorkommt, wenn der Leichnam nicht gefunden wird oder durch Zufall erst sehr viel später und bis zur Unkenntlichkeit entstellt, geraten in den Wahn, ihr Toter sei noch am Leben. Dieser Wahn würde sich mildern und vergehen, wenn er nicht unablässig von jenen Wahnsinnigen genährt würde, die daherkommen und behaupten, sie hätten den Verschwundenen gesehen und an ganz bestimmten Zeichen wiedererkannt, Zeichen, die vor der Begegnung mit den Angehörigen ganz vage sind und die erst deren angstvolle und unkontrollierte Fragen sicher werden lassen. So waren auch die Majoranas – unvermeidlich, wie alle – zu der These vom Kloster gelangt: daß der junge Professor sich dorthin zurückgezogen habe. Nachdem die Angehörigen erst einmal davon überzeugt waren, hatte es dann nicht viel gebraucht – wird sich Bocchini gesagt haben –, Giovanni Gentile zu überzeugen: einen Philosophen, den allerdings der Polizeichef keineswegs nur als Philosophen behandeln konnte.

Schon dieses Ansinnen, in den Klöstern von Neapel und Umgebung nachzuforschen, in Süd- und Mittelitalien – warum nicht auch noch in Norditalien, in Frankreich,

Österreich, Bayern und Kroatien? –, hätte dem Senator Bocchini gereicht, diesen ganzen Fall zum Teufel zu wünschen – wäre da nicht dieser Senator Gentile.

Von Nachforschungen in den Klöstern konnte jedenfalls keine Rede sein; sollten sich doch die Angehörigen des Verschwundenen an den Vatikan wenden, an den Papst. Dort würden ihre Bitten sicherlich mehr Gehör finden als ein Ersuchen der italienischen Polizei, des italienischen Staates. Alles, was Senator Bocchini tun konnte, war, auf Grund jener Zeugenaussagen und Indizien, die, wie Doktor Salvatore Majorana glaubte, es als so gut wie sicher erscheinen ließen, daß sein Bruder sich nicht umgebracht habe, neue und gründlichere Ermittlungen anzuordnen.

Die Unterredung fand, unter Federführung des Sekretärs Seiner Exzellenz, ihre Zusammenfassung und ihren Abschluß. Eine bewundernswerte Zusammenfassung, wie in allen Akten unserer Polizei: Wo alles, was uns hinsichtlich Grammatik, Syntax und Logik jeder Folgerichtigkeit oder Übereinstimmung zu entbehren scheint, zu einer Sprache voller Andeutungen, verborgener Anspielungen und Vorschriften wird. So vermittelt uns das Dokument, das wir vor uns haben und zu entziffern versuchen, den Eindruck, und zwar den ganz richtigen Eindruck, daß man von der Politischen Abteilung, an die es gerichtet war, und von den Polizeipräsidenten von Neapel und Palermo nichts anderes gewollt habe als die Bestätigung der einfachsten und glaubwürdigsten Hypothese: daß Professor Ettore Majorana sich umgebracht hatte. Der Abschluss der zusätzlichen Ermittlungen stünde damit von vorneherein fest.

Betreff: Verschwinden (mit Selbstmordabsicht) des Prof. Ettore Majorana.

Herr Salvatore Majorana, Bruder des seit dem 26. 3. dieses Jahres verschwundenen Prof. Ettore Majorana, erstat-

tet Bericht über zusätzliche Einzelheiten, die von den Familienangehörigen selbst ermittelt werden konnten:

Nach erfolgten Nachforschungen, unter Mitarbeit der Polizei (Quästur Neapel), waren in Neapel und Palermo keinerlei Ergebnisse zu verzeichnen gewesen. Prof. Majorana hat sich in Neapel nach Palermo eingeschifft mit Selbstmordabsicht, wie aus hinterlassenen Briefen hervorgeht, und man nahm an, er sei in Palermo geblieben. Doch dieser Hypothese widerspricht die Tatsache, daß die Rückfahrkarte bei der Direktion der »Tirrenia« abgegeben wurde und daß er während der Rückreise um fünf Uhr morgens in seiner Kabine schlafend gesehen wurde. Darauf wurde er Anfang April in Neapel, zwischen dem Palazzo Reale und der Galleria, als er von Santa Lucia heraufkam, von einer Krankenschwester, die ihn kannte und die auch die Farbe seines Anzuges gesehen und erraten hat, gesehen und wiedererkannt.

In Anbetracht dieser Umstände, und da die Angehörigen nunmehr überzeugt sind, daß Prof. Majorana nach Neapel zurückgekehrt ist, verlangen sie, daß die Anmeldeformulare der Hotels in Neapel und Umgebung nochmals durchgesehen werden (Majorana schreibt sich mit dem ersten i lang, j, Majorana, so daß der Name bei anfänglichen Nachforschungen möglicherweise übersehen wurde) und daß die Polizei von Neapel – die schon im Besitz eines Lichtbildes von ihm ist – ihre Nachforschungen intensiviere. Außerdem könnten noch Ermittlungen darüber angestellt werden, ob Majorana sich vom 27. März an in Neapel eventuell Waffen angeschafft hat.

Das offenkundige Versehen bei der Erwähnung des *ersten langen i (= j)* im Namen Majoranas, in dem überhaupt nur ein i vorkommt, fällt sofort auf, man kann es aber auch der Funktion zuschreiben, die man gewöhnlich einem Lapsus zuschreibt. Und zwar: seht doch mal, an was für verrückte Einzelheiten sich diese Angehörigen klam-

mern! Nicht als Versehen oder Irrtum ist dagegen dieses *»erraten«* anzusehen, das dem *»gesehen«* der Farbe des Anzugs folgt. Hier handelt es sich um eine Beurteilung der Zeugenaussage der Krankenschwester: sie sagt, sie habe gesehen, hat aber nur erraten.

Im übrigen zieht sich ständig die unausgesprochene Warnung durch diese »Dienst-Aufzeichnung«: Bedenkt, daß es die Familienangehörigen sind, die auf weitere Ermittlungen dringen; bedenkt, daß sie es waren, die diese Zeugenaussagen zusammentrugen; wir sind überzeugt, daß sich der Professor – wer weiß, wo und wie – das Leben genommen hat, und wie man schon das erstemal *zu keinerlei Ergebnissen gekommen ist*, so wird man auch durch neue Ermittlungen nichts erreichen.

Die »Aufzeichnung« ist dreimal quer mit großen, ungeduldigen Schriftzügen überschrieben worden. Das erste Mal mit violettem Stift: *Dringend berichten,* das zweite Mal in Grün: *Den Polizeibehörden mitteilen, daß Seine Exzellenz die Intensivierung der Ermittlungen wünscht.* Diese beiden Vermerke sind mit unleserlichen Namenszügen unterschrieben. Der dritte Vermerk ist das nicht, in blauer Farbe steht das Wort da: *Erledigt.* Aller Wahrscheinlichkeit nach bezeichnen die verschiedenen Farben die Stufen der Hierarchie: das Violett, das zu damaliger Zeit Zeichen einer raffiniert-altmodischen Raffiniertheit war (Anatole France hatte violette Tinte gebraucht, und fast alle Schriftsteller zwischen 1880 und 1930 hatten das, was die Kataloge der Antiquariate als »Einsendungen« bezeichnen, mit einer Tinte in liturgischem Violett geschrieben), stammte vielleicht von Bocchini selbst (ein Mann, von dem man damals sagte, daß er raffiniert, skrupellos und ein Lebemann war); das Grün mochte jemand gewählt haben, der sich servil, aber primitiv der Originalität des Vorgesetzten anzupassen suchte, vielleicht der Sekretär; und schließlich das schülerhafte, bürokratische Blau: vom Chef der Polizei-Abteilung?

Auf der Rückseite des zweiten Blattes findet sich dann, mit der Feder geschrieben, der Vermerk: *Mit Dr. Giorgi gesprochen, der sich eine Notiz gemacht und Maßnahmen getroffen hat. 23.4. Atti (zu den Akten).*

Kaum fünf Tage nach der Zusammenkunft von Doktor Salvatore Majorana mit Senator Bocchini schließt dieses Wort – Atti – den Fall praktisch ab und überliefert ihn den Archiven. Später wird sich der Akte noch eine anonyme Mitteilung zugesellen, die unten am Rande von dem Polizeibeamten signiert ist, der sie entgegen genommen hat, datiert Rom, 6. August 1938 (das Fehlen der faschistischen Jahresangabe ist zu beachten: eine seltsame und grobe Unterlassungssünde, falls von Amts geschehen):

Immer im Hinblick auf Strömungen gegen die Interessen Italiens wird in manchen Kreisen vermutet, daß das Verschwinden von Majorana, eines Mannes von größter Bedeutung auf dem Gebiete der Physik und besonders des Radiums, des einzigen, der die Forschungen Marconis im Interesse der nationalen Verteidigung fortsetzen konnte, Ergebnis irgendeines dunklen Komplottes gewesen sei, um ihn aus dem Verkehr zu ziehen. *

Der anonyme Informant, offensichtlich spezialisiert im Beschnüffeln von *Strömungen gegen die italienischen Interessen,* war seiner Zeit um ein paar Jahre voraus, und wie alle Vorläufer wird ihn niemand ernst genommen haben. Diese Art Information hätte 1938 nicht einmal der deutsche oder amerikanische Geheimdienst ernst genommen, kaum der englische oder französische.

* Diese kurze Mitteilung ist bezeichnend für Herkunft und Niveau der meisten »Vertrauensleute«. Die *Kreise,* in denen damals der Verdacht entstehen konnte, daß es sich beim Verschwinden Majoranas um einen Spionagefall *gegen die italienischen Interessen* handeln könnte, konnten nur jene der niedrigsten Bürokratie sein, der Pförtner (Kategorie, der der anonyme »Vertrauensmann« höchstwahrscheinlich angehörte), der kleinen Krämer; gewiß nicht jene der Phy-

Für die italienische Polizei, könnte man glauben, scheint es der Schlußstein im Fall Majorana gewesen zu sein: so irrsinnig muß ihr eine solche Hypothese erschienen sein. Tatsache ist, daß die Italiener über die von Marconi hinterlassenen und von ihm schon weit vorangetriebenen Forschungen fabelten, welche Italien – in Ermangelung anderer, worüber man sich allmählich klar zu werden begann – im nächsten, als nahe befürchteten Krieg unbesiegbar machen sollten. Insbesondere phantasierte man von einem »Todesstrahl«, der, als Versuch, von Rom aus auf eine Kuh in eine Waldlichtung bei Addis Abeba gesandt wurde. Es bleibt eine Erinnerung daran in jenem »Lexikon gängiger Ideen« unter dem faschistischen Regime, wie sie sich in der Komödie »Raffaele« des Sizilianers Vitaliano Brancati wiederfindet:

– In Äthiopien ist eine Kuh gestorben!

– Eine Kuh? In Äthiopien? ... Und was ist Besonderes daran?

– Man muß eben bedenken, warum sie gestorben ist, woran sie gestorben ist!

– Und warum ist sie gestorben?

– Weil Marconi in Äthiopien mit einem Todesstrahl experimentiert haben soll, der erbarmungslos alle Tiere und Menschen tötet, die er auf seinem Wege trifft!

– Ja? Dann haben wir's ja geschafft!

Aber es handelte sich eben nur um eine Phantasterei. Und Arturo Bocchini wußte das nur zu gut.

siker, der Diplomaten, der hohen Militär- und Verwaltungshierarchie. So drängt sich der Gedanke auf, der Verdacht müsse entstanden sein, nachdem die Zeitung »La Domenica del Corriere« das Verschwinden Majoranas meldete, und zwar unter den Lesern dieser Wochenzeitung.

2

Der Bürger, der noch nie gegen die Gesetze verstoßen hat, dem auch von anderen noch nie ein Unrecht zugefügt worden ist, um diese Gesetze anzurufen, der Bürger, der so lebt, als sei die Polizei nur für Verwaltungsakte da, etwa um Pässe oder Waffenscheine (für die Jagd) auszustellen, wird sehr rasch von einem Gefühl der Bestürzung, der Ungeduld, des Aufbegehrens ergriffen werden, wenn ihn die Lebensumstände unversehens dazu führen, mit ihr zu tun zu haben, sie in Anspruch zu nehmen, wofür sie als Institution da ist. Die Überzeugung wird sich an ihm festsetzen, daß das bißchen öffentliche Sicherheit, das man genießt, sich mehr auf die seltene und sporadische Tendenz der Menschen stützt, die ein Verbrechen begehen, als auf die Tüchtigkeit und den Scharfsinn der Polizei selbst. Eine Überzeugung, der eine gewisse Objektivität zugrunde liegt – mehr oder weniger den Zeitumständen, mehr oder weniger der Mentalität in den verschiedenen Ländern entsprechend.

Wenn aber ein Mensch verschwindet, kann auch in der Angst und Ungeduld derjenigen, die ihn wiederfinden wollen, diese Überzeugung völlig subjektiv sein – und also ungerecht. Und wir selbst geben ohne weiteres zu, der italienischen Polizei gegenüber ungerecht zu sein, ihr die Lustlosigkeit, die mangelnde Schärfe der Untersuchung zu verübeln, mit der sie die Ermittlungen über das Verschwinden von Ettore Majorana geführt hat. Sie führte sie überhaupt nicht, sondern ließ es zu, daß die Familienangehörigen sie führten, und beschränkte sich darauf – wie aus der »Aufzeichnung« hervorgeht –, an dem Fall »mitzuarbeiten« (und bis zu einem gewissen Punkt tat sie nur so, als arbeite sie mit). Und wir sind auch selber ungerecht, weil wir nach beinahe vierzig Jahren Majorana »wiederfinden« wollen – und nichts haben, um ihn »wiederzufinden«, als ein paar Papiere und spärliche Unterlagen in seiner Akte bei der »Direzione Generale di Pubblica Sicurezza« (der Sicherheitspolizei).

Auf diesen wenigen Blättern erleben wir erneut die Angst, die Ungeduld, die Enttäuschung, die Verurteilung der Polizei wegen ihres Unvermögens und ihrer Unwirksamkeit, wie sie die Familienangehörigen von Ettore Majorana damals sicherlich viel dramatischer und schmerzhafter erlebt haben.

Aber es gibt auch die Gründe der anderen, die Gründe der Polizei. Der Fall war, bürokratisch gesehen, nur ein »Betreff«, objektiv gesehen also der Fall eines *Verschwindens mit Selbstmordabsichten.* Es lagen zwei Briefe vor, einer an die Familie, der andere an einen Freund –, in denen diese Absicht ganz deutlich ausgesprochen war; in jenem an den Freund wurde sogar die Art und die Stunde angegeben, in der dieser Selbstmord stattfinden sollte. Daß diese Absicht dann am Abend des 25. März, um elf Uhr, im Golf von Neapel, nicht ausgeführt wurde, besagte für die Polizei auf Grund ihrer Erfahrungen und der Statistik nur, daß sie später und anderswo ausgeführt wurde. Sich nun dafür einzusetzen, diesen Ort und diesen Zeitpunkt ausfindig zu machen, wäre reine Zeitvergeudung gewesen. Man konnte weder vorbeugen noch bestrafen: Das Problem bestand einzig darin, einen Leichnam zu finden. Die Lösung eines solchen Problems war nur für die Familie wichtig und bestand im Sinne Pirandellos in der schmerzlichen und resignierten (im Laufe der Jahre immer resignierteren) Gewißheit, in der Trauerfeier, in den Nachrufen, im Anlegen der Trauerkleider, in der Errichtung und dem Besuch des Grabes. Dies war aber weder für die Polizei noch, wie die Amerikaner sagen würden, für die »Gesamtheit der Steuerzahler« wichtig. Selbst wenn man einräumen wollte, daß Ettore Majorana sich gar nicht umgebracht hatte, sondern sich nur verborgen hielt: dann bestand das Problem darin, einen Wahnsinnigen zu finden. Es lohnte sich also nicht, Polizisten abzustellen, um eine Leiche zu suchen, die nur durch Zufall hätte gefunden werden können, oder aber einen Wahnsinnigen zu suchen, der früher oder später sowieso bemerkt und gemeldet werden würde (auch hier der Erfahrung und der Statistik zufolge).

Daß Majorana nicht tot wäre oder daß er, wenn noch am Leben, nicht wahnsinnig wäre, wußte man nicht, konnte es sich nicht vorstellen, und nicht nur auf seiten der Polizei. Die Alternative, die der Fall stellte, war also Tod oder Wahnsinn. Wenn sie sich über diese Alternative hinweggesetzt und auf die Suche nach einem lebendigen und, wie man sagt, im Vollbesitz seiner geistigen Kräfte befindlichen Ettore Majorana begeben hätte, wäre die Polizei selbst dem Wahnsinn verfallen. Außerdem wäre in diesem Augenblick die Polizei keines Landes, und schon gar nicht die italienische, im Stande gewesen, irgendein vernünftiges und einleuchtendes Motiv hinter dem Verschwinden von Majorana zu vermuten; und keine Polizei wäre in der Lage gewesen, etwas »gegen ihn« auszurichten. Denn tatsächlich ging es doch darum: ein Spiel zu spielen gegen einen Mann von außergewöhnlicher Intelligenz, der beschlossen hatte, zu verschwinden, und der die Art seines Verschwindens mit mathematischer Genauigkeit berechnet hatte. Fermi wird später sagen: *Wenn er bei seiner Intelligenz einmal beschlossen hätte, zu verschwinden oder seine Leiche verschwinden zu lassen, wäre ihm dies bestimmt geglückt.* Nur ein Detektiv hätte ein solches »Spiel« in Angriff genommen: der Chevalier Charles Auguste Dupin in einer Geschichte von Edgar Allan Poe. Aber die Polizei, wie sie war, wie sie ist, wie sie gar nicht anders sein kann ... Nun, es ist ein wenig wie in dem Gespräch über Professor Cottard, über den Arzt, über die Ärzte überhaupt, das Bergotte in Prousts »Suche nach der verlorenen Zeit« führt:

Er ist ein Dummkopf. Was ihn, zugegebenermaßen, nicht hindert, ein guter Arzt zu sein, was mir aber doch ziemlich schwierig vorkommt, und was ihn ganz gewiß daran hindert, ein guter Arzt für Künstler zu sein, für intelligente Personen ... Die Krankheit intelligenter Personen rührt ja zu drei Vierteln gerade von ihrer Intelligenz her. Sie brauchen einen Arzt, der sich zumindest über diesen Punkt im klaren ist. Wie sollte Sie denn jemand wie Cottard heilen können? Er hat Ihre Schwierigkeit bei der Verdauung von Saucen erkannt, Ihre Magenstörungen, aber er hat die Folgen Ihrer Lektüre von Shakespeare nicht vorhergesehen ... Er wird bei Ihnen eine Magenerweiterung feststellen, und er braucht Sie erst gar nicht zu untersuchen, weil er diese Diagnose schon von Anfang an im Auge gehabt hat – man kann direkt sehen, wie sie sich in seinen Brillengläsern spiegelt.

Proust war nicht der Meinung, daß Cottard ein Dummkopf sei; und wir wollen ebensowenig behaupten, daß die Polizei mit Dummheit geschlagen sei. Aber wir können uns unmöglich vorstellen, daß das Drama eines intelligenten Mannes, sein Wille zu verschwinden, seine Gründe dafür sich anders in den Brillengläsern eines Polizeikommissars spiegeln können – selbst in den Brillengläsern von Bocchini – als ein Widerschein von Unverstand, von Wahnsinn.

Der Rest ist Schweigen

Daß Mussolini, durch eine »Bittschrift« der Mutter Ettores und einen Brief von Fermi informiert und mit dem Fall befaßt, die Ermittlungsakten von Bocchini verlangt und auf den Aktendeckel den Befehl hingehauen habe: *Ich will, daß er gefunden wird!*, was von Bocchini dann in gemäßigterer Handschrift mit der Anmerkung versehen wird: *Die Toten findet man, es sind die Lebenden, die verschwinden können,* daß der Verdacht einer Entführung oder einer Flucht ins Ausland aufgekommen sei, daß der Geheimdienst sich für den Fall interessiert habe, daß die Nachforschungen besonders eifrig, ja fieberhaft vorangetrieben worden seien – zu all dem blieben bei der Familie Majorana keine anderen Unterlagen als Abschriften der »Bittschrift« der Signora Majorana und des Briefes von Fermi. Es ist durchaus denkbar, daß die »Bittschrift« der Mutter einen gewissen Eindruck auf Mussolini gemacht hat; der Brief von Fermi tat das sicherlich nicht.

Ende Juli 1938: Am 14. Juli war das *Rassengesetz* veröffentlicht worden. Fermi fühlte sich verunsichert, dachte schon ans Emigrieren. Das Regime befand sich ihm gegenüber in einer gewissen Verlegenheit; denn wie Meazza führend im Fußballspiel war, so war Fermi führend auf dem Gebiet der Physik, und zudem Mitglied der italienischen Akademie, das jüngste obendrein. Ein Knoten, der entwirrt oder durchschnitten werden mußte. Man kann sich die Erleichterung in Rom vorstellen, als Fermi den Nobelpreis entgegennahm, ohne den Arm zum römischen Gruß* zu erheben, und sich in aller Stille in die Ver-

* Über den Verzicht auf den römischen Gruß von Fermi und den Händedruck, den er statt dessen mit dem König von Schweden tauschte, waren damals bissige Kommentare in den italienischen Zeitungen zu lesen. Für jemanden, der nicht unter dem Faschismus gelebt hat, ist es schwer, sich vorzustellen, welchen Unannehmlichkeiten man sich ausgesetzt sehen konnte, wenn man aus Zerstreutheit jemandem die Hand gab, anstatt den Arm zum römischen Gruß zu erheben. Es ist wiederum Brancati, der in seiner Komödie »Raffaele« darstellt, zu welchen beängstigenden, ja unlösbaren Problemen die Abschaffung des Händedrucks führen konnte.
– Verzeiht, Federale, wenn der König in mein Dorf kommt, wie es den Anschein hat, und mir die Hand hinstreckt, was soll ich dann nur machen?
– Wenn er Euch die Hand drücken will? ... Ja, das ist schon ein Fall,

einigten Staaten absetzte. Der Brief Fermis war zu diesem Zeitpunkt alles andere als opportun, er wirkte im Gegenteil eher schädlich. Auch wegen der Art, wie er formuliert war: von einem Eingeweihten an einen Ahnungslosen.

Ich zögere nicht, Ihnen zu erklären, und ich übertreibe nicht, daß unter allen Gelehrten, italienischen und ausländischen, die ich Gelegenheit hatte, näher kennenzuler-

den man gründlich überdenken muß ... Kommt mal ein bißchen näher! Nehmen wir einmal an, ich sei der König.
– Und ich, was bin ich? Ich frage ja nur, weil ich mich korrekt verhalten will.
– Ihr seid Ihr selbst: der politische Sekretär ... Wie heißt Ihr doch gleich?
– Gorgoni.
– Der politische Sekretär Gorgoni ... Grüßt mich! ... Ich sage, grüßt mich!
– Gruß dem König!
– Nein, nein, nein, nein! ... Ihr müßt sagen: Gruß dem Duce!
– Aber Ihr seid doch der König!
– Aber das ist für Euch gar nicht von Interesse. Ihr müßt sagen: Gruß dem Duce!
– Gut, dann sage ich also das.
– Bleibt mit erhobenem Arm einfach stehen! ... Ich strecke Euch nun die Hand hin ... Aber nein, nein, nein! ... Schaut einmal zu, wir wechseln die Rollen! Ich bin Ihr. Ich bin der politische Sekretär Gorgoni – schaut mir jetzt aufmerksam zu! – und Ihr seid der König ... Nein, Ihr seid zu groß! Setzt Euch mal hin! Kommt Ihr mal her, Scarmacca. Ihr seid jetzt der König ... Nein, ich bin der König, und Ihr seid der politische Sekretär Gorgoni.
– Warum soll ich denn Gorgoni sein? Ich möcht' ich selber sein ... vor dem König
– Na schön, Ihr seid also Ihr selber. Hebt den Arm. Ich strecke Euch die Hand hin, so ... Hebt den Arm noch höher!
– Und wenn der König, Gott bewahre, dann denkt, ich wollte ihm aus Arroganz die Hand nicht geben, und sich beleidigt fühlt?
– Seine Majestät der König-Kaiser denkt nicht mehr ... Kurz und gut, das sind doch Lappalien ... Sachen, die in der Praxis nie vorkommen ... Setzt Euch wieder! Aber wer stellt eigentlich solch dumme Fragen?

nen, Majorana derjenige war, dessen geniale Begabung mich am meisten beeindruckt hat. Er war gleichermaßen befähigt, Hypothesen von außerordentlicher Kühnheit aufzustellen und die eigenen wie die Arbeiten anderer scharf zu kritisieren; ein erfahrener Rechner und profunder Mathematiker, der niemals hinter dem Schleier der Zahlen und Rechenverfahren den wirklichen Kern des physikalischen Problems aus den Augen verliert, verfügt Ettore Majorana in höchstem Grade über jene seltene komplexe Begabung, die den Typ des Theoretikers großer Klasse ausmacht …

Um wirklich etwas zu erreichen, wäre es viel wirksamer gewesen, wenn Fermi geschrieben hätte: *Sie wissen selbstverständlich sehr gut, wer Majorana ist …*, weil niemand im Italien des Jahres 1938 auch nur den leisesten Zweifel hegen konnte, daß Mussolini etwas nicht wüßte.

Man kann sich leicht vorstellen, wie das auf einen kurzen Schlagaustausch hinauslief, während Polizeichef Bocchini dem Regierungsleiter einen seiner täglichen Berichte erstattete. Mussolini wird sich nach dem »Fall Majorana« erkundigt und gefragt haben, welche Ergebnisse die Ermittlungen bisher gezeitigt hätten. Und Bocchini wird erwidert haben, daß man nunmehr an einem toten Punkt angelangt sei, an einem toten Punkt im doppelten Sinne des Wortes: im Sinne der Polizei, die sich mit der Aussichtslosigkeit, diesen Fall zu lösen, inzwischen abgefunden hatte, und im Sinne seiner eigenen Überzeugung, die sich mit der der Polizei decke: daß Professor Majorana tot sei. Bocchini wird auch gesagt haben, daß sich an die normalen Nachforschungen, die nach jeder Vermißtenanzeige angestellt werden, noch weitere, gründlichere angeschlossen hätten, und zwar auf Empfehlung des Senators Giovanni Gentile. Auch die politische Polizei sei eingeschaltet worden, deren Scharfsinn und Korrektheit der Duce sehr wohl kenne und zu schätzen wisse.

Wenn Mussolini sich damit nicht zufriedengegeben, wenn er wirklich befohlen haben sollte, daß die Suche fortgesetzt würde, wenn er tatsächlich gesagt hatte: *Ich will, daß man ihn findet!,* wird Bocchini ihm auch diesen unerfüllbaren Machtanspruch als einen Wahnsinnsanfall ausgelegt haben, von dem er ihn hinfort mit wachsender Besorgnis befallen sah.

3

Ich wurde am 5. August 1906 in Catania geboren und besuchte dort das humanistische Gymnasium bis zur Reifeprüfung 1923. Anschließend studierte ich in Rom Ingenieurwesen, bis zum Anfang des letzten Studienjahres.

Da ich den Wunsch hegte, später rein wissenschaftlich zu arbeiten, habe ich im Jahre 1928 um eine Versetzung zur Physikalischen Fakultät gebeten, die mir auch gewährt wurde, und dann 1929 in theoretischer Physik unter der Leitung Seiner Exzellenz Enrico Fermi promoviert. Das Thema meiner Doktorarbeit lautete: »Die Quantentheorie der radioaktiven Atomkerne«, wofür ich die Note summa cum laude erhielt.

In den darauffolgenden Jahren habe ich als freier Mitarbeiter das Institut für Physik in Rom besucht, folgte der wissenschaftlichen Entwicklung und widmete mich theoretischen Forschungen verschiedener Natur. Dabei war mir die anhaltende, kluge und anregende Anleitung S. E. des Prof. Enrico Fermi von großem Nutzen.

Diesen *Bericht über seinen Ausbildungsgang* schrieb Ettore Majorana im Mai 1932, offenbar zu einem bürokratischen Zweck. Höchstwahrscheinlich handelt es sich um die Anlage zu einem an den Nationalen Forschungsrat gerichteten Gesuch um Unterstützung für die Reise nach Deutschland und Dänemark, von deren Nutzen ihn Fermi überzeugt hatte. In diesem Schreiben fällt die nach bürokratischen Gesichtspunkten abträgliche Nonchalance bei der Erwähnung seiner eigenen Forschungen auf. Bezeichnend dafür ist die Formulierung: Forschungen *verschiedener Natur* – andere hätten die eigenen Forschungen minutiös

Die Eltern Ettor Majoranas,
Dorina und Fabio

aufgezählt; und die Definition *als freier Mitarbeiter,* die doch wohl ein wenig der Behauptung widerspricht, er hätte sich der *anhaltenden, klugen und anregenden Anleitung* Fermis erfreut. Man fühlt in diesen wenigen Zeilen etwas Gezwungenes, Forciertes: Er mußte dem Drängen, dem Zureden der Freunde nachgeben, er mußte das tun, was die anderen taten, oder zumindest das, was die anderen von ihm erwarteten – das widerstrebende Bemühen eines unangepaßten Mannes, sich anzupassen.

In Wirklichkeit hatte Majorana das Physikalische Institut ziemlich unregelmäßig besucht, auch war Fermi nicht sein wissenschaftlicher Lehrer. Amaldi erzählt:

Im Herbst 1927 und zu Beginn des Winters 1927/1928 sprach Emilio Segrè häufig in dem neuen Kreis, der sich wenige Monate zuvor um Fermi gebildet hatte, von der außergewöhnlichen Begabung Majoranas. Gleichzeitig versuchte Segrè, Majorana dazu zu bringen, seinem Beispiel zu folgen und zum Studium der Physik überzuwech-

seln, einer Fakultät, die viel eher seinen wissenschaftlichen Bestrebungen und seinen spekulativen Fähigkeiten entspräche als das Ingenieurwesen. Majoranas Übergang zur Physik erfolgte Anfang 1928, nach einem Gespräch mit Fermi, dessen Einzelheiten sehr geeignet erscheinen, einige Charakterzüge von Ettore Majorana zu beleuchten. Er kam ins Institut für Physik in der Via Panisperna und wurde zu Fermis Studio geführt, wo sich auch gerade Rasetti befand. Damals sah ich Ettore zum ersten Mal. Von weitem wirkte er schmächtig und bewegte sich mit einer gewissen Schüchternheit, ja Unsicherheit; bei näherer Betrachtung fiel sein tiefschwarzes Haar auf, seine dunkle Hautfarbe, die leicht hohlen Wangen, die ungemein lebendigen, funkelnden Augen. Eigentlich sah er aus wie ein Sarazene [er glich, den Fotografien nach zu urteilen, Giuseppe Antonio Borgese; auch von Borgese sagte man, er habe das Aussehen eines Sarazenen gehabt].

Fermi arbeitete damals an einem statistischen Modell, das später das Thomas-Fermi-Modell genannt wurde. Das Gespräch mit Majorana wandte sich den Forschungen zu, die im Institut gerade im Gange waren, und Fermi erklärte Majorana rasch den generellen Charakter des Modells und zeigte ihm Auszüge aus seinen neuesten Arbeiten zu diesem Thema, besonders die Tabelle, auf der die numerischen Werte der sogenannten »universellen Leistungskraft nach Fermi« (potenziale universale) zusammengefaßt waren. Majorana hörte interessiert zu, bat Fermi auch um einige Erläuterungen, und ging dann weg, ohne sich über seine Gedanken und Absichten zu äußern. Am späten Vormittag des folgenden Tages erschien er wieder im Institut, ging direkt in Fermis Studio und bat ihn ohne Umschweife, ihm doch nochmals die Tabelle zu zeigen, auf die er am Vortage einen kurzen Blick geworfen hatte. Nachdem er sie eingesehen hatte, zog er ein kleines Blatt Papier aus der Tasche, auf dem eine analoge Tabelle geschrieben war, die er zu Hause in den letzten vierund-

zwanzig Stunden berechnet hatte, wobei er, der Erinnerung Segrès zufolge, die nichtlineare Gleichung zweiten Grades von Thomas-Fermi in eine Gleichung von Riccardi verwandelte und darauf numerisch integriert hatte. Er verglich die beiden Tabellen miteinander, und nachdem er festgestellt hatte, daß sie vollständig übereinstimmten, sagte er, die Tabelle von Fermi stimme …

Er war also nicht gekommen, um nachzuprüfen, ob seine eigene, in den letzten vierundzwanzig Stunden (von denen er auch einige geschlafen hatte) errechnete Tabelle richtig war, sondern ob die stimmte, die Fermi in wer weiß wie vielen Tagen berechnet hatte.

Ob ihm die Idee der Umwandlung der Gleichung Thomas-Fermi in die Gleichung Riccardi unwillkürlich gekommen war oder ob sie ein Urteil implizierte, wissen wir nicht. Nachdem Fermi die Probe bestanden hatte, wechselte jedenfalls Majorana zur Physik über und begann, das Institut in der Via Panisperna zu besuchen: regelmäßig, bis er promoviert hatte, danach viel seltener.

Von seiner Beziehung zu Fermi ist anzunehmen, daß sie stets so geblieben ist, wie sie sich schon bei der ersten Begegnung abgezeichnet hatte: nicht nur von gleich zu gleich (Segrè wird später sagen, daß in Rom einzig und allein Majorana mit Fermi diskutieren konnte), sondern distanziert, kritisch, spröde. An Fermi und seiner ganzen Gruppe mußte irgend etwas gewesen sein, das in Majorana ein Gefühl des Andersseins, wenn nicht sogar des Mißtrauens auslöste, das sich zuweilen fast zu einem Antagonismus steigerte. Fermi seinerseits konnte wohl kaum etwas anderes als ein gewisses Unbehagen Majorana gegenüber empfinden.

Bei den Wettkämpfen zwischen den beiden ging es um äußerst komplizierte Berechnungen, die Fermi mit dem Rechenschieber, an der Tafel oder auf einem Blatt Papier ausführte, Majorana hingegen im Kopf, ihm den Rücken

Ettore als Kind

Als Student

zukehrend; und wenn Fermi sagte: *Ich bin fertig!*, nannte Majorana bereits das Resultat – diese Wettkämpfe waren in der Tat eine Art, eine latente, unbewußte Gegnerschaft auszutragen. Eine fast kindliche Art (man darf nicht vergessen, daß beide noch sehr jung waren).

Wie alle »guten«, wie alle besseren Sizilianer neigte Majorana nicht dazu, sich einer Gruppe anzuschließen, sich mit anderen zu solidarisieren und dann in dieser Gemeinschaft zu bleiben (es sind die schlechten Sizilianer, die den Gruppengeist der »cosca«, der Mafia, besitzen). Und dann gab es zwischen der Gruppe der »Jungs aus der Via Panisperna« und Majorana noch einen grundlegenden Unterschied: daß Fermi und die »Jungs« suchten, während er einfach fand. Für jene war die Wissenschaft eine Willenssache, für ihn war sie Natur. Jene liebten sie, sie wollten sie erfassen und besitzen; Majorana hatte sie, vielleicht ohne sie zu lieben. Für Fermi und seine Gruppe war sie ein Geheimnis außerhalb ihrer selbst, das es zu enträtseln, aufzureißen, zu enthüllen galt. Für Majorana war sie ein Geheimnis in ihm, in seinem Wesen, ein Geheimnis, das zu fliehen Flucht aus dem Leben, ja Flucht des Lebens selbst bedeutet hätte.

Bei einem frühreifen Genie – wie es eben Majorana war* – steht das ganze Leben wie unter einem unverrück-

* Über die Frühreife Majoranas sind seinerzeit zahlreiche Artikel in Tageszeitungen, Wochen- und Fachzeitschriften veröffentlicht worden. Auch Amaldi spricht darüber in der *biographischen Notiz*, auf die wir uns oft beziehen (sie ist 1966 in Rom von der »Accademia Nazionale dei Lincei« in dem Band »Das Leben und Werk Ettore Majoranas« veröffentlicht worden). Andere Kinder ließ man damals Gedichte aufsagen, wenn Verwandte und Bekannte zu Besuch kamen – mit Vorliebe »La vispa Teresa« (Die muntere Teresa), so daß der Dichter Trilussa sich einen Spaß daraus machte, das Gedicht zu verlängern: Ist dies die Geschichte / die einjährige Wichte / schon aufsagen müssen / werden wenige wissen / was im 20. Jahr / das Los der Teresa war. – Ettore gab man Rechenprobleme auf, zwei dreistellige Zahlen miteinander zu multiplizieren, Quadrat- und Kubikwurzeln

Enrico Fermi

Rasetti, Fermi und Segré,
in akademischer Toga

baren Maß: dem der Zeit, des Werkes. Ein Maß, das ihm gegeben ist, unverjährbar. Kaum ist in dem Werk eine Vollendung, eine Perfektion erreicht, kaum ein Geheimnis enthüllt, kaum eine perfekte Form erreicht – und das heißt Offenbarung des Geheimnisses – in der Kategorie der Erkenntnis oder, annähernd gesagt, der Schönheit: ob in der Wissenschaft, in der Literatur oder Kunst, schon tritt der Tod ein. Und weil das Genie ein vollkommenes »Einssein« mit der Natur ist, ein vollkommenes »Einssein« mit dem Leben, und Natur und Leben ein vollkommenes »Einssein« mit seinem Geist, weiß das frühreife Genie das auch – ohne es zu wissen. Jegliches Tun ist für es wie durchdrungen von dieser Vorwarnung, von dieser Furcht. Es spielt mit der Zeit, seiner Zeit, spielt mit seinen Jahren durch Täuschungen, durch Verzögerungen. Es versucht, das Maß zu dehnen, die Grenze zu verschieben. Es versucht, sich dem Werk zu entziehen, das, sobald es abgeschlossen ist, Abschluß bedeutet – Abschluß seines Lebens.

Nehmen wir Stendhal. Sein besonderer Fall ist eine bis zum äußersten hinausgezögerte Frühreife. Überdies handelt es sich um einen Fall von doppelter Frühreife, denn frühreif sind seine Bücher auch im Verhältnis zu der Zeit, in der sie veröffentlicht wurden, im Verhältnis zu seiner eigenen Zeit. Dieser zweiten Frühreife ist sich Stendhal voll

zu ziehen, und das im Alter von drei, vier Jahren, als er noch nicht einmal Zahlen lesen konnte. *Wenn ihm jemand eine Rechenaufgabe stellte, verzog sich der kleine Ettore unter einen Tisch, fast als ob er sich von allen anderen isolieren wollte, und gab von dort wenige Minuten später das Ergebnis an.* Unter den Tisch hockte er sich wohl, weil er sich da besser konzentrieren konnte, und vielleicht auch, weil er sich schämte, wie alle Kinder, die man zwingt, sich vor den Großen zu produzieren. Womöglich war ihm als Erwachsenem noch ein wenig von diesen kindlichen Hemmungen geblieben, so daß es ihm schwer wurde, die Resultate seiner Forschungen preiszugeben.

bewußt. Der anderen, vor der er sich fürchtet, sucht er auf jede mögliche Weise zu entfliehen.

Er verliert Zeit. Bildet sich ein, aus karrieristischen und mondänen Ambitionen heraus zu handeln. Er tarnt sich. Versteckt sich hinter Plagiaten und Pseudonymen (was Vorder- und Rückseite der gleichen Medaille ist). Es ist ein Spiel, das ihm bis zu einem gewissen Punkte sogar glückt. Sagen wir, es gelingt ihm bis zur Niederschrift von »De l'amour« (Über die Liebe, 1822). Als er dieses Buch schreibt, ist es aber schon klar, daß er kaum noch Chancen hat, sein Spiel weiter hinauszuziehen. Noch ein paar Jahre des Widerstands – dann ist er gezwungen, in ganz kurzer Zeit *alles* zu schreiben. Er kann nichts mehr hinauszögern, es hilft ihm nichts mehr zu sagen: *Ich bin nicht ich*. Er sagt es zwar noch, wie unter dem Zwang des Trägheitsgesetzes.

Aber Henry Brulard hat die präzise Funktion, Henri Beyle auszuliefern, ihn dem Tod zu überantworten; ihn so zu überantworten, wie er war, zwischen Kindheit und Jugend, zwischen dem Grenoble der Jahre der Revolution und Mailand in den Jahren des napoleonischen Feldzuges; das heißt, in der Zeit, die ihm zugemessen war für das Werk, dessen Vollendung hinauszuschieben, hinauszuzögern, zu fliehen ihm bis zur äußersten Grenze des Möglichen gelungen ist. Und von dieser Inkongruenz, von dieser bis zur Reife hinausgezögerten Frühreife, von diesem Lebenskern her, der wie unter Glas intakt und rein bewahrt wurde, von diesem Alter her, das drängend in ein anderes einbricht, rührt der Zauber einer jeden Seite Stendhals.

Wir können hinzufügen, daß das sichere Zeichen der Frühreife Stendhals, seiner »verdrängten« Frühreife, die Natur seines Geistes ist (wobei wir diesen Ausdruck auch umdrehen können: der Geist seiner Natur), identisch mit der Natur anderer Frühreifer. Wie Giorgione, Pascal, Mozart, um uns auf die berühmtesten Fälle zu beschränken.

Ein mathematischer Geist, ein musikalischer Geist. Ein »berechnender« Geist.*

Gänzlich anders gelagert als Stendhals Fall, doch die gleiche Wahrheit bekundend, ist der Fall des Evaristo Galois. Wie Stendhal, der alles tut, um die Vollendung seines Werkes hinauszuschieben, so verbringt der zwanzigjährige Galois die Nacht, die dem Duell vorausgeht, von dem er »weiß«, daß er sterben wird, damit, alles vorwegzunehmen: Wie im Fieber preßt er in einem einzigen Brief an seinen Freund Chevalier das Werk, das ihm aufgetragen war, ein Werk, das nichts anderes sein kann als sein »Eins-sein« mit seinem Leben, zusammen: die Theorie der algebraischen Gleichungen.

* In der Biographie und im Werk Stendhals lassen sich viele andere Zeichen in diesem Sinne finden, von denen wir hier einige zusammenhanglos aufzählen.
Von frühester Jugend an weiß Stendhal, daß er der Schriftsteller ist, der er später sein wird; sonst wäre sein Verhalten reiner Größenwahn gewesen, eine Besessenheit bis zum ersten Anzeichen von Delirium, wenn er sich nicht auf die Werke gestützt hätte, die er *später* schreiben wird. Er weiß ganz genau, daß er viel zu sagen hat. Er bringt trotzdem den Willen auf, seine Zeit bewußt zu vergeuden, auch wenn er nicht genau weiß, warum, auch wenn er glaubt, diese Zeitverschwendung damit motivieren zu können, daß er eben zu viel zu sagen hat. (1804 heißt es im »Journal«: *J'ai trop à écrire, c'est pourquoi je n'écris rien.)* Seine spätere Schreibwut nimmt sich dagegen wie ein Versuch aus, das Leben, das er durch die Kürze der dem Menschen zugemessenen Spanne bedroht fühlt, räumlich auszudehnen: seine Sucht, überall »Spuren des Lebens« zu hinterlassen, wo er nur Platz dafür findet (rührend, zwischen all den Sachen des »Fondo Bucci«, der sich jetzt an der »Sormani« von Mailand befindet, jene Puder- oder Tabakdose, deren Inneres ganz vollgekritzelt ist). Seine Geheimschrift ist eine Art, auf diese Spuren aufmerksam zu machen, sie zu verstecken, bedeutet, sie durch Geheimnis und Fragwürdigkeit interessanter und größer zu machen. Aber beides, Schreibwut wie Geheimschrift, gehören der Phase der Kindheit und der Jugend an: der Entdeckung der Schrift, ihrer Verinnerlichung und ihrer Wiederentdeckung. Ein Kind schreibt überall, ein Jugendlicher wird stets zur Erfindung einer »Geheimschrift« neigen.

Als Achtzehnjähriger

Ohne es zu ahnen, tief im Unterbewußtsein, sucht Majorana wie Stendhal, das nicht zu tun, was er tun muß, dem er nicht entrinnen kann. Direkt oder indirekt sind es Fermi und die »Jungs« von der Via Panisperna, die ihn mit ihren Mahnungen und ihrem Beispiel zwingen, etwas zu tun. Aber wenn er etwas tut, macht er es wie zum Spaß, wie bei einer Wette, mit Leichtigkeit, mit Ironie. In der Art eines jungen Mannes, der sich plötzlich, an einem Abend in der Gesellschaft von Freunden, als Zauberkünstler entpuppt, sich als Taschenspieler produziert, der sich aber sofort zurückzieht, sobald Applaus ausbricht, der sich fast entschuldigt und sagt, daß das ein ganz leichtes Spiel sei, das jeder zustande bringen könne. Dunkel aber fühlt er bei jeder Entdeckung, bei jeder Enthüllung, daß er sich dem Tode nähert. Daß »die« Entdeckung, die vollkommene Enthüllung eines Geheimnisses, das die Natur ihm anvertraut, der Tod sein wird. Er ist so »eins« mit der Natur wie eine Pflanze, wie eine Biene, aber im Unterschied zu diesen bleibt ihm ein – wenn auch nur geringfügiger – Spielraum, in dem er sie umgehen und täuschen kann, in dem er – wenn auch vergeblich – einen Ausweg, einen Fluchtpunkt suchen kann.

Keiner von denen, die ihn kannten und ihm nahestanden und dann über ihn schrieben und erzählten, erinnert sich seiner anders als eines Mannes, der *strano,* der seltsam wirkte. Das war er wirklich: entfremdet, fremd. Vor allem dem Ambiente der Via Panisperna gegenüber.

Laura Fermi sagt:

Majorana aber hatte einen sonderbaren Charakter. Er war übertrieben schüchtern und in sich verschlossen. Am Morgen, wenn er mit der Straßenbahn ins Institut fuhr, begann er mit gerunzelter Stirn zu grübeln. Kam ihm dann eine neue Idee, fiel ihm die Lösung eines schwierigen Problems ein oder die Erklärung bestimmter Ergebnisse seiner Experimente, die zuvor ganz unerklärlich schienen, wühlte er in seinen Taschen, zog einen Bleistift und ein Zigarettenpäckchen heraus und bekritzelte es mit komplizierten Formeln. Von der Straßenbahn ging er, ganz in Gedanken versunken, mit gesenktem Kopf ins Institut, wobei ihm ein dichter Schopf seiner schwarzen, zerrauften Haare bis in die Augen fiel. Dort suchte er nach Fermi oder Rasetti und erklärte ihnen an Hand des vollgekritzelten Zigarettenpäckchens seine Idee.

Aber kaum, daß die anderen ihm zustimmten, sich von seiner Idee begeistert zeigten, ihn drängten, sie zu veröffentlichen, zog sich Majorana wieder in sich zurück, murmelte etwas von Kindereien, über die es sich nicht zu diskutieren lohne, und warf, kaum hatte er seine letzte Zigarette geraucht (und es dauerte bei einem so starken Raucher wie ihm nicht lange, bis er bei der letzten der zehn »Macedonia« angelangt war), das leere Päckchen mit all seinen Berechnungen und seinen Theorien in den Papierkorb. Dort landete – durchdacht und durchgerechnet – die Theorie des Atomkernes (der sich aus Protonen und Neutronen zusammensetzt), ehe sie Heisenberg publizierte, die Theorie, die später nach Heisenberg benannt wurde.

Man kann nicht ausschließen (und es scheint sogar nach einer gründlichen Prüfung seiner Arbeitshefte bestätigt), daß in ihm auch eine gewisse Neigung zur Mystifikation und zur Theatralik steckte: daß also seine Theorien ihn keineswegs plötzlich wie eine Art Erleuchtung überkamen oder daß er die Berechnungen, mit denen er seine Kollegen verblüffte, nur einfach so in der Straßenbahn anstellte. Wahrscheinlich amüsierte es ihn, das Wasser der Wissenschaft vor den Augen derer, die nach ihm dürsteten, einfach wegzuschütten und in der Erde versickern zu lassen. Die Tatsache, daß er es wirklich wegschüttete und vergeudete, indem er eine Theorie, eines Nobelpreises würdig (und deren Neuheit und Tragweite ihm zweifellos bewußt waren), in den Papierkorb warf, kann zwar den Verdacht zur Mystifikation und Theatralik wecken, aber nur durch die Art, in der er es tat, nicht durch seine Beweggründe. Die Gründe waren tief, dunkel, »vital«. Sie gehörten zum Selbsterhaltungstrieb. In doppeltem Sinne, wie wir heute sagen können: dem der Erhaltung der eigenen Existenz, aber auch der der gesamten Menschheit.

Diese Episode von Majorana, der früher als Heisenberg die Theorie entwickelte, daß der Atomkern aus Protonen und Neutronen besteht, und der sich nicht nur weigerte, sie zu veröffentlichen, sondern Fermi geradezu verbot, darüber auf einem Physikerkongreß zu sprechen, der in Paris abgehalten wurde (es sei denn, eine absurde Bedingung, Fermi wäre zu dem Scherz bereit, die Entdekkung dieser Theorie einem Professor der Elektronik zuzuschreiben, einem Italiener, vielleicht einem von der Universität Rom, den Majorana absolut gering schätzte und von dem man außerdem wußte, daß er bei dem Pariser Kongreß anwesend sein würde) – dieses Verhalten scheint uns ins Licht tiefsten »Aberglaubens« getaucht, jenes Licht, aus dem die Neurose hervorbricht; und gerade die Mystifikation, die Theatralik, der »Scherz« sind ja die Kehrseite aller Neurosen. Als dann die Theorie Heisenbergs anerkannt und gefeiert wurde, teilte Majorana das Bedauern der anderen Physiker des römischen Institutes keineswegs, seine Theorie nicht schnellstens publiziert zu haben. Vielmehr brachte er dem deutschen Physiker ein Gefühl der Bewunderung entgegen (wozu sein Selbstbewußtsein beitrug) wie auch der Dankbarkeit (darin drückte sich seine Furcht aus). Heisenberg ist für ihn wie ein unbekannter Freund, der ihn, ohne es zu wissen, ohne ihn zu kennen, vor einer Gefahr gerettet, ihm ein Opfer erspart hat.

Dies ist vielleicht der Grund, weshalb er dem Drängen Fermis leicht nachgibt: Er geht nach Deutschland, nach Leipzig. Zu Heisenberg.

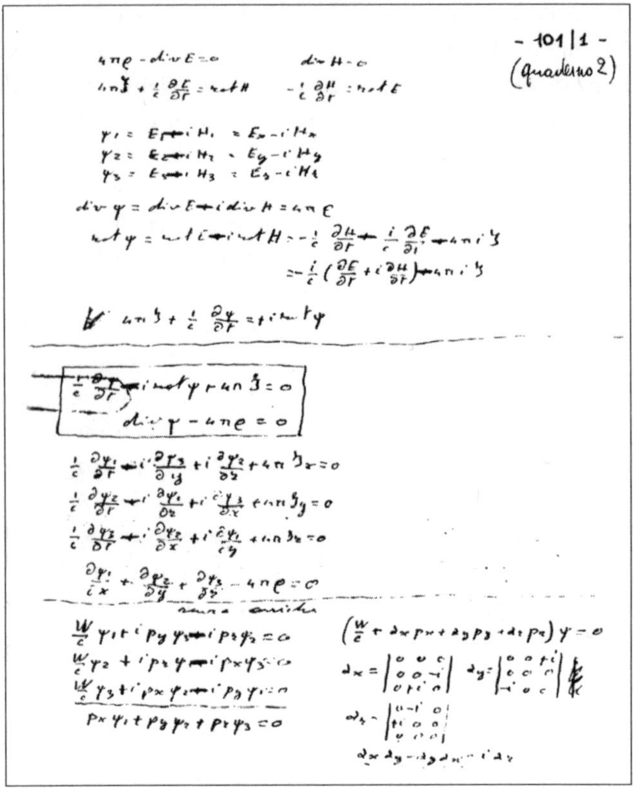
- 101 | 1 -
(quaderno 2)

$4\pi\rho - \mathrm{div}\, E = 0 \qquad \mathrm{div}\, H = 0$

$4\pi J + \frac{1}{c}\frac{\partial E}{\partial t} = \mathrm{rot}\, H \qquad -\frac{1}{c}\frac{\partial H}{\partial t} = \mathrm{rot}\, E$

$\psi_1 = E_1 - iH_1 = E_x - iH_x$
$\psi_2 = E_2 - iH_2 = E_y - iH_y$
$\psi_3 = E_3 - iH_3 = E_z - iH_z$

$\mathrm{div}\,\psi = \mathrm{div}\, E - i\,\mathrm{div}\, H = 4\pi\rho$

$\mathrm{rot}\,\psi = \mathrm{rot}\, E - i\,\mathrm{rot}\, H = -\frac{1}{c}\frac{\partial H}{\partial t} - \frac{i}{c}\frac{\partial E}{\partial t} - 4\pi i J$
$= -\frac{i}{c}\left(\frac{\partial E}{\partial t} - i\frac{\partial H}{\partial t}\right) - 4\pi i J$

$4\pi J + \frac{1}{c}\frac{\partial \psi}{\partial t} = i\,\mathrm{rot}\,\psi$

$\frac{1}{c}\frac{\partial \psi}{\partial t} - i\,\mathrm{rot}\,\psi + 4\pi J = 0$
$\mathrm{div}\,\psi - 4\pi\rho = 0$

$\frac{1}{c}\frac{\partial \psi_1}{\partial t} - i\frac{\partial \psi_3}{\partial y} + i\frac{\partial \psi_2}{\partial z} + 4\pi J_x = 0$
$\frac{1}{c}\frac{\partial \psi_2}{\partial t} - i\frac{\partial \psi_1}{\partial z} + i\frac{\partial \psi_3}{\partial x} + 4\pi J_y = 0$
$\frac{1}{c}\frac{\partial \psi_3}{\partial t} - i\frac{\partial \psi_2}{\partial x} + i\frac{\partial \psi_1}{\partial y} + 4\pi J_z = 0$
$\frac{\partial \psi_1}{\partial x} + \frac{\partial \psi_2}{\partial y} + \frac{\partial \psi_3}{\partial z} - 4\pi\rho = 0$

senza cariche

$\frac{W}{c}\psi_1 + i p_y \psi_3 - i p_z \psi_2 = 0$
$\frac{W}{c}\psi_2 + i p_z \psi_1 - i p_x \psi_3 = 0$
$\frac{W}{c}\psi_3 + i p_x \psi_2 - i p_y \psi_1 = 0$
$p_x \psi_1 + p_y \psi_2 + p_z \psi_3 = 0$

$\left(\frac{W}{c} + \alpha_x p_x + \alpha_y p_y + \alpha_z p_z\right)\psi = 0$

$\alpha_x = \begin{vmatrix} 0 & 0 & 0 \\ 0 & 0 & -i \\ 0 & i & 0 \end{vmatrix} \quad \alpha_y = \begin{vmatrix} 0 & 0 & i \\ 0 & 0 & 0 \\ -i & 0 & 0 \end{vmatrix} \quad \alpha_z = \begin{vmatrix} 0 & -i & 0 \\ i & 0 & 0 \\ 0 & 0 & 0 \end{vmatrix}$

$\alpha_x \alpha_y - \alpha_y \alpha_x = i\alpha_z$

Handschriftliche Notizen von Ettore Majorana

4

Einige Monate vor der Abreise Ettores nach Deutschland wurde endlich der ungeheuerliche Fall abgeschlossen, durch den der Name Majorana für immer in die Gerichtsannalen einging. Der Fall Majorana. Der Prozeß Majorana. Und wir nennen ihn ungeheuerlich auf Grund der damaligen Unterlagen, auf Grund des Plädoyers der Anklage wie der Verteidigung, denn mehr als das Verbrechen, durch das er ausgelöst wurde, scheint uns das Räderwerk der Justiz und der Gesellschaft ungeheuerlich, in das acht Jahre lang offensichtlich unschuldige Personen hineingezogen wurden – bis zur Vernichtung, bis zum Wahnsinn.

Im Sommer 1924 verbrennt ein Kind in seiner Wiege, zwischen der kleinen Matratze und dem Moskitonetz. Es verbrennt in Catania, im Hause des Antonio Amato, eines begüterten Mannes, dessen einziger Sohn das Kind war. Man denkt gar nicht an ein Verbrechen, bis angesichts der Reste der verbrannten Wiege der Verdacht aufkommt, der dann zur Gewißheit wird, daß eine brennbare Flüssigkeit über die Wiege geschüttet worden war. Von wem, findet man schnell heraus: von einem sechzehnjährigen Dienstmädchen, Carmela Gagliardi. Und weshalb ein so schreckliches Verbrechen? Das Mädchen erklärt: weil meine Mutter sich darauf versteift hatte, mich bei den Amatos in Stellung zu lassen, während ich in den Dienst der Platanias zurück wollte, an denen ich hing und die mich sehr gern hatten. Diese Erklärung, weil überzeugend, überzeugt nicht.

Das ungeheure Mißverhältnis zwischen Motiv und Tat, typisch für Dienstbotenverbrechen, wie sie ein französischer Kriminalist benannt und erforscht hatte, erweckte in Amato, früher als bei der Polizei, einen bestimmten Verdacht. Es hatte Auseinandersetzungen wegen der Teilung des väterlichen Vermögens mit seinen Schwestern und Schwagern gegeben. Die Schwager – die Brüder Giuseppe und Dante Majorana, Juristen, Persönlichkeiten von Autorität und Ansehen in und außerhalb der Stadt – hatten ihn auf legalem Weg zur Auszahlung jenes Erbteils gezwungen, welches den Kindern selbst gegen den Willen des Erblassers nicht vorenthalten werden darf – des »Pflichtteils«.

Die Angelegenheit hatte sich auf folgende Weise abgespielt: Die Schwestern, und das heißt die Schwager, hatten in wohlwollender Schlichtungsabsicht nur, sagen wir fünf, verlangt, der Bruder hatte eins geboten. Als sie daraufhin auf einem gerichtlichen Urteil bestanden, wurden ihnen sieben zugesprochen, und der Bruder sah sich gezwungen, sie auszubezahlen. Auf Seiten der Schwestern und Schwager mußte also Befriedigung geherrscht haben, weil sie mehr erhalten als gefordert hatten. Im Herzen Amatos hingegen mochten sich Wut und Groll eingenistet haben, weil er hatte zahlen müssen. Und dieses Gefühl, dieses irrationale Ressentiment, spiegelte sich zweifellos in dem Schmerz um sein auf so grauenvolle Weise umgekommenes Kind und projizierte sich auf die Schwestern, auf die Schwager: Und so ließ er in denen, die die Ermittlungen führten, den Verdacht aufkeimen, das Mädchen habe im Auftrag gehandelt.

Es gehört nicht viel dazu, einem sechzehnjährigen Mädchen, das von seinen Familienangehörigen nicht geliebt wird, sogar ein Opfer ist – allein, verlassen, noch mehr von der Scham als von Reue über seine Tat bedrückt –, die Aussage abzuringen, es sei zu dieser Tat angestiftet worden.

Die Idee, die man während der Vernehmungen in ihrem Hirn hatte aufblitzen lassen, daß nämlich die Existenz ei-

Der Onkel Dante mit seiner Frau Sara und dem Sohn Salvatore (Catania 1907)

nes Anstifters, eines Auftraggebers ihre Schuld mildere oder sie davon sogar gänzlich freispreche, verschmolz mit einem plötzlich ausbrechenden Rachedurst gegenüber ihrer Familie (der Mutter, die sie gezwungen hatte, bei den Amatos in Dienst zu bleiben, und sie schlug, wenn sie wagte, sich dagegen aufzulehnen; dem Bruder, der versucht hatte, sie zu vergewaltigen; der Schwester, die zu Hause herumfaulenzte und mit einem jungen Mann verlobt war, in den Carmela sich verliebt hatte und der ihr eine gewisse Aufmerksamkeit bezeigte), all dies brachte sie soweit, anzuklagen, immer wieder anzuklagen. Und als ersten klagte sie Rosario Sciotti an, den Verlobten ihrer Schwester: damit auch er im Gefängnis landen und ihre Schwester ihn nicht bekommen würde. Sciotti sei es gewesen, sagte sie aus, der ihr die Flasche mit dem flüssigen Brennstoff gegeben habe, den sie über die Wiege ausleeren solle. Und ihr Bruder und ihre Mutter seien es gewesen, die sie dazu zwangen, Sciotti zu gehorchen.

Aber den Untersuchungsrichtern genügte das nicht. Gut – Sciotti hatte ihr den Auftrag gegeben; er hatte ihr die Flasche gebracht (eine Viertelliterflasche aus farblosem Glas, mit einer Flüssigkeit gefüllt, die ihrem Geruch nach Petroleum zu sein schien). Aber von wem hatte Sciotti den Auftrag bekommen, der selbst keinerlei Motiv hatte, den Tod des Kindes zu wollen?

So griff das Mädchen, von allen Seiten eingeflüstert, einen Namen heraus: Majorana. Aber Giuseppe oder Dante, wer von den beiden Schwagern Amatos? Tage, wir vermuten sogar Monate der Unentschiedenheit folgten. Dann fällt die Wahl auf Dante.

Man nimmt Giovanni Gagliardi, den Bruder Carmelas, und die Mutter, Maria Pellegrina, fest. Sie leugnen. Fahren verzweifelt fort zu leugnen. Und solange sie leugnen, ist es nicht möglich, Majorana festzunehmen.

Monate vergehen, Jahre. Im Gefängnis schließen die drei Freundschaften, finden Ratgeber. Keine desinteressierten Ratgeber, da die Verteidiger Majoranas Amato ausdrücklich der Bestechung anklagten, die er im Gefängnis durch Mitglieder der catanesischen Unterwelt (Malavita) leicht habe ins Werk setzen können. Und sie wurden dazu gebracht – Sciotti, Gagliardi, die Pellegrina –, die Anklagen des Mädchens zuzugeben. So geschieht es, daß sie sich im Verlaufe des Prozesses, der ihnen lebenslängliches Zuchthaus eingebracht hätte, für schuldig erklären und dann uferlos Namen angeben, von Komplizen, von

Anstiftern, von Auftraggebern. Eine lange Kette. Als erstes Glied in der Kette Dante und Sara Majorana, welche, nach den Worten Sciottis, ihn nicht nur mit dem Verbrechen beauftragt, sondern ihm auch die Flasche mit dem Brennstoff übergeben hatten: eine grünliche Flasche, mit Benzin gefüllt. Wieso dann die Flasche weiß geworden war, als sie in die Hände Carmelas kam, mehr nach Petroleum als nach Benzin roch und wie – beiden widersprechend – die Sachverständigen bei der Analyse der Reste Spuren von Brennspiritus festgestellt hatten – um die Entwirrung dieses Knotens hatten sich weder Polizei noch Untersuchungsrichter je bemüht.

Hier muß man zugeben, daß die keineswegs desinteressierten mitgefangenen Winkeladvokaten, welche Sciotti, Gagliardi und die Pellegrina dazu gebracht hatten, sich selbst anzuklagen und andere anzuklagen, technisch – von jedem moralischen Einwand einmal abgesehen – den Gefangenen den einzigen Rat erteilten, durch den deren verzweifelte Situation zu entflechten war. Festgenagelt durch die Anklagen des Mädchens (das in doppeltem Sinne für ehrlich gehalten wurde, nach zwei Kriterien, welche wir in der Praxis der Justiz als üblich betrachten dürfen: daß Minderjährige und besonders Kinder stets die Wahrheit sagen; und daß ein Angeklagter oder ein Zeuge viel eher bei der ersten Aussage lügt als bei der zweiten), gab es für sie keine andere Rettung, als anzuklagen, als so viele Personen, wie sie nur irgend konnten, mit hineinzuziehen, bis zum Wahnwitz, bis zur Absurdität. Nur wenn die absolute Absurdität erreicht war, konnte der Prozeß, wie eine Montgolfiere, wieder auf den Boden des gesunden Menschenverstandes, der Wahrheit zurückfallen.

So geschah es. Vom 4. April bis zum 13. Juni 1932 – Dante und Sara Majorana saßen seit drei Jahren im Gefängnis, die andern seit acht; Giovanni Gagliardi war in der Zwischenzeit irrsinnig geworden – fand das Schwurgericht in Florenz zu jenem Krümel Wahrheit zurück, zu der elenden traurigen Wahrheit des Dienstbotenverbrechens. Verzweifelt weinend bekannte Carmela Gagliardi, mittlerweile eine Frau: *Ich allein bin schuldig!* Und nur ihr Weinen, ihre Reue erinnerten daran, daß im Mittelpunkt dieses Labyrinths von Haß, Lüge, Verzweiflung der kleine Cicciuzzu Amato gestanden hatte, das Kind, das in seiner Wiege verbrannt war.

Laura Fermi sagt:

Majorana hatte seine Besuche im römischen Institut fortgesetzt und arbeitete dort auf seine eigentümliche, sprunghafte Art weiter, bis er 1933 für ein paar Monate nach Deutschland ging. Nach seiner Rückkehr nahm er seinen Platz im Rahmen des Institutes nicht wieder ein; selbst bei seinen alten Gefährten mochte er sich kaum mehr blicken lassen. Sicherlich mußte der tragische Schicksalsschlag, der die Familie Majorana getroffen hatte, an der Verstörtheit seines Charakters mitschuldig sein. Ein Kind in den Windeln, Vetter von Ettore, war gestorben, in seiner Wiege verbrannt, die unerklärlicherweise Feuer gefangen hatte. Man sprach von einem Verbrechen. Ein Onkel Ettores und des Kleinen war angeklagt worden. Ettore machte es sich zur Aufgabe, die Unschuld seines Onkels zu beweisen. Mit großer Entschlossenheit schaltete er sich persönlich in den Prozeß ein, beriet sich mit den Anwälten, kümmerte sich um jede Einzelheit. Der Onkel wurde freigesprochen; aber die Anspannung, die Sorge wirkten weiter; die Aufregungen, die der Prozeß mit sich brachte, mußten im Falle eines so sensiblen Menschen wie Ettore zwangsläufig bleibende Spuren hinterlassen.

Die Erinnerung von Laura Fermi ist ungenau. Zwischen Ettore Majorana und dem Kind bestand keine Verwandtschaft. Die Wiege hatte nicht unerklärlicherweise Feuer gefangen. Der blutjunge Ettore übernahm keineswegs die Rolle des Erforschers, des Koordinators, der Führungsfunktion bei den Anwälten der Verteidigung; das hätte er schon in Anbetracht seiner Jugend und der Struktur einer sizilianischen Familie gar nicht gekonnt. Er wird ohne Zweifel über das Problem »meditiert« haben (ein Ausdruck, der in seinen Briefen immer wiederkehrt, wenn er von einer Schwierigkeit spricht, die es zu überwinden gilt). Aber gerade weil er sich dem Fall wie einem Problem näherte, ist anzunehmen, daß er es aus größerer Distanz und mit weniger Angst empfand als die übrigen Familienmitglieder. Auch daß sich die Rechtsanwälte seine Beweisführungen, seine Lösung des Problems zu eigen gemacht hätten, ist ganz und gar unwahrscheinlich. Da alle »juristische Koryphäen« waren – außer Roberto Farinacci, dessen berufliche Bedeutungslosigkeit allerdings durch seine zu fürchtende politische Macht mehr als aufgewogen wurde –, kann man sich leicht vorstellen, mit welcher Kälte, sogar Verachtung sie sich jede »laienhafte Anregung« verbeten hätten.

In der Erinnerung von Laura Fermi fällt auch eine gewisse Ungenauigkeit in der Schilderung der Abfolge der Ereignisse auf, so in der Frage, ob sie vor oder nach der Reise Ettores nach Deutschland lagen. Aber gerade weil sich alles vorher abgespielt hatte, können wir auf Grund der Briefe aus Deutschland wie an Hand der Aussagen der Angehörigen sagen, daß das Ereignis, so nachhaltig und so lange es auch die ganze Familie in Leid und Bedrängnis versetzt haben mag, in Ettore Majorana selbst keine Spur von Verwirrung oder gestörtem seelischem Gleichgewicht hinterlassen hatte, wie seine engeren Freunde im römischen Institut und Laura Fermi zu glauben geneigt sind. *Nach Ansicht einiger Freunde,* sagt Edoardo Amaldi, *habe dieses Ereignis die Haltung Ettores dem Leben gegenüber entscheidend beeinflußt: Aber die Brüder, die sich alle sehr genau an diese Zeit erinnern, schließen das aufs entschiedenste aus.* Das will besagen, daß selbst er, Amaldi, der zu den wenigen gehörte, mit denen Majorana nach seiner Rückkehr aus Leipzig noch verkehrte, nicht zu sagen vermag, ob jenes Ereignis überhaupt eine Rolle bei der zunehmenden Verdüsterung und Menschenfeindlichkeit des Freundes spielte oder nicht.

Die Versuchung, nun die Hypothese aufzustellen, daß diese Ungewißheit, diese Widersprüchlichkeit einen tiefen Grund, eine tiefe Funktion haben könnten, ist ziemlich verlockend. Diejenigen, die Ettore Majorana nahestanden und »sich erinnern«, schrecken vor der Vorstellung zurück, er könnte in der Wissenschaft, die er betrieb, die er »in sich trug«, etwas Grauenerregendes, etwas Schreckliches erblickt (erahnt, vorausgesehen) haben, eine Vision von Feuer und Tod. Genau das ist es, was sie in ihrem Bewußtsein, in ihrem Wissen sich weigern zuzugeben, etwas, was sie ausdrücklich verneinen, genau dies taucht wieder auf wie ein Lapsus memoriae, ein Gedächtnisfehler, wie ein echtes Mißverständnis. Sie sind nun bemüht, Ettore Majorana einem Bilde anzunähern, das auf »jenes andere« hindeutet, einem Bild, das schließlich wie ein Emblem, wie ein Symbol, »jenes andere« enthält.

Das Kind, das in seiner Wiege verbrennt: Das Bild besitzt, um einen Ausdruck zu bemühen, der in die Atomphysik und in die Forschungen Majoranas gehört, eine unaufhaltsame »Austauschkraft«. Nicht nur für diejenigen, die die Geschichte der Atomforschung erlebt haben und davon gezeichnet sind, sondern auch für alle, die sich dem Leben Ettore Majoranas, dem Geheimnis seines Verschwindens nähern.

5

Die Begegnung mit Heisenberg ist, wie wir glauben, das bezeichnendste, das wichtigste Ereignis im Leben Majoranas gewesen, und zwar mehr auf menschlicher als auf wissenschaftlicher Ebene. Wohlverstanden: auf Grund dessen, was wir von seinem Leben dokumentarisch wissen, denn das, was wir nicht wissen, erweckt in uns die Vorstellung einer weiteren, bedeutenderen Begegnung.

Er kommt in Leipzig am 20. Januar 1933 an. Eine häßliche Stadt, aber ihm genügt ein Gang ins Physikalische Institut, um sie sympathisch zu finden. Am 22. schreibt er an die Mutter:

Im Physikalischen Institut hat man mich sehr herzlich empfangen. Ich hatte eine lange Unterredung mit Heisenberg, der ein ungewöhnlich höflicher und sympathischer Mensch ist. (Im selben Brief spricht er von der lieblichen Lage des Instituts *zwischen Friedhof und Irrenanstalt.*) Am 14. Februar, wieder an die Mutter: *Ich stehe in bestem Einvernehmen mit Heisenberg.* Und am 18. desselben Monats an den Vater: *Ich habe einen Artikel über die Struktur der Kerne geschrieben, der Heisenberg sehr gefallen hat, obwohl er einige Korrekturen an einer seiner Theorien enthält.* Vier Tage später an die Mutter: *Im letzten »Kolloquium«, einer wöchentlichen Vereinigung von etwa hundert Physikern, Mathematikern, Chemikern usw., hat Heisenberg über die Kerntheorie gesprochen und mich sehr gelobt, auf Grund einer Arbeit, die ich hier gemacht habe. Wir haben uns infolge vieler wissenschaftlicher Diskussionen und einiger Schachspiele ziemlich an-*

Werner Heisenberg, 1932

gefreundet. Gelegenheit dazu bietet sich bei dem Empfang, den er jeden Dienstagabend für die Professoren und Studenten des Institutes für Theoretische Physik gibt.

Der amerikanische Physiker Feenberg, zu dieser Zeit ebenfalls Gast des Leipziger Institutes, hat sich in einem Gespräch mit Amaldi an ein Seminar über die Kernkraft erinnert, in dem Heisenberg den Anteil erwähnte, den

Majorana an der Forschung hatte. Er, Heisenberg, sagte auch, daß Majorana anwesend sei und er ihn aufgefordert habe, einzugreifen. Natürlich kam Majorana dieser Aufforderung nicht nach: unter vier Augen mit Heisenberg, mag sein, aber angesichts einer Menge von hundert Personen ... Vielleicht handelt es sich um das »Kolloquium«, von dem er in dem Brief an den Vater spricht: Er erwähnt seine Weigerung, das Wort zu ergreifen, nicht, was sicher von dem Vater nicht gebilligt worden wäre. Was das Schachspiel betrifft, war Majorana darin Meister von Kindheit an, wir finden ihn mit sieben Jahren in dem Bericht einer Zeitung aus Catania.

Von Heisenberg schreibt er fast in jedem Brief. Am 28. Februar, an den Vater, sagt er, daß er sich noch zwei oder drei Tage in Leipzig aufhalten müsse, bevor er nach Kopenhagen ginge, weil er das Bedürfnis habe, mit Heisenberg zu *plaudern. Seine Gesellschaft ist so unersetzlich, und ich möchte, solange er hier bleibt, von ihr profitieren.* Drei Monate später berührt er das *Plaudern* wieder. Heisenberg, sagt er, *liebt meine Plauderei und bringt mir geduldig das Deutsche bei.* Der Gebrauch dieser Ausdrücke – *plaudern, Plauderei* – hat, wie wir glauben, eine doppelte Funktion: einmal sicherlich, um die Themen, über die er mit Heisenberg diskutiert, zu verharmlosen, abzuwerten (eine Haltung, die er hinsichtlich der Wissenschaft konsequent einnimmt und die in Wirklichkeit ein gegenteiliges Gefühl aufzeigt), und zum anderen möglicherweise, um den Familienangehörigen zu zeigen, daß sich sein Charakter, sein Verhalten während seines Aufenthaltes in Leipzig gewandelt hätten. Schweigsam und spröde, wie sie ihn kannten, *plaudert* er in Leipzig mit Heisenberg in liebenswürdiger Weise. Aber nur mit Heisenberg, denn der dänische Physiker Rosenberg, der sich auch in jenen Monaten in Leipzig aufhielt, erinnert sich, nur ein einziges Mal Majoranas Stimme gehört zu haben, in einem ganz kurzen Satz.

Wenn er mit Heisenberg über Literatur oder wirtschaftliche Probleme, Seeschlachten oder Schachspiel gesprochen hätte, Dinge, die ihn leidenschaftlich interessierten und denen er spekulativ nachging, wäre das kein *Plaudern* gewesen. Er sprach mit Sicherheit von Kernphysik. Aber gleichfalls bestimmt in anderer Weise, mit anderen Implikationen, als er darüber mit Fermi oder Bohr, mit den Physikern des Leipziger oder des römischen Institutes hätte sprechen können (und offensichtlich nicht wollte). Mit den anderen Physikern war sein idealer Verkehr jener Art, wie er ihn im römischen Institut eingeführt hatte und im Leipziger Institut mit dem Amerikaner Feenberg fortsetzte: Majorana sprach kein Englisch, Feenberg kein Italienisch, aber sie waren stets beisammen, arbeiteten an demselben Tisch und verständigten sich, *indem sie sich in langen Zwischenräumen auf ein Stück Papier geschriebene Formeln zeigten* (Amaldi). Mit Heisenberg war der Kontakt vollkommen anderer Art. Der Grund lag, wie wir rückblickend zu durchschauen glauben, in der Tatsache, daß Heisenberg das Problem der Physik lebte, seine Forschungen in einem weiten und dramatischen Kontext von Gedanken stand. Er war, um es banal zu sagen, ein Philosoph.

Wer, wenn auch nur summarisch (wie wir, schon um voranzukommen), die Geschichte der Atomphysik, der Atombombe kennt, ist in der Lage, diese einfache und peinliche Feststellung zu treffen: daß sich diejenigen frei verhielten, das heißt wie freie Männer, eben die Wissenschaftler waren, die nach objektiven Bedingungen keine Wissenschaftler waren, und daß sich diejenigen wie Sklaven verhielten und Sklaven wurden, die durch die objektiven Bedingungen frei waren. Frei waren jene, die die Atombombe nicht machten, Sklaven jene, die sie machten. Und zwar nicht durch die Tatsache, ob sie sie herstellten oder nicht herstellten, was die Frage auf die praktischen Möglichkeiten, sie herzustellen, beschränken würde, die jene nicht hatten, diese aber hatten – sondern hauptsächlich, weil die Sklaven ihr mit Sorge, Angst und Grauen gegenüberstanden; während die Freien sie ohne Zögern, ja manchmal sogar mit einem Anflug von Freude, planten, konstruierten, vervollkommneten und sie, ohne Bedingungen oder Auflagen zu machen (was wenigstens bei einer möglichen Nichtbefolgung ihre Verantwortung abgeschwächt hätte), Politikern und Militärs übergaben. Die Sklaven hätten sie Hitler überantwortet, einem kaltschnäuzigen und wahnsinnigen Diktator, während die Freien sie Truman überantworteten, einem Mann von »gesundem Menschenverstand«, der den »gesunden Menschenverstand« der amerikanischen Demokratie repräsentierte: Das macht keinen Unterschied. Denn Hitler hätte genauso entschieden, wie Truman entschieden hat, das heißt die verfügbaren Bomben in Städten explodieren zu lassen, die sorgfältig »wissenschaftlich« ausgewählt wurden unter den im Feindesland erreichbaren Städten, deren totale Zerstörung man im voraus hatte berechnen können (unter den »Empfehlungen« der Wissenschaftler: daß das Objekt den Durchmesser von einer Meile habe und dicht bebaut sei, daß es dort einen hohen Prozentsatz von Holzbauten gäbe, daß es bis jetzt noch keinen Bombenangriff erlitten habe, so daß man sich der Wirkung dieses einzigen und definitiven mit der größten Präzision sicher wäre).*

* Die organisatorische Struktur des »Manhattan-Projekts« und der Ort, an dem dieses Projekt realisiert wurde, nehmen für uns das Bild der Einzelhaft und der Sklaverei an, analog zu dem der Vernichtungslager Hitlers. Wenn man das Geschäft des Todes betreibt – auch wenn er für andere bestimmt ist –, wie man es in Los Alamos betrieb, steht man auf der Seite des Todes, ist selber des Todes. In Los Alamos hat man genau das neu geschaffen, was man zu bekämpfen glaubte. Zwischen General Groves, dem im »Manhattan-Projekt« mit vollen Machtbefugnissen ausgestatteten Administrator, und dem Physiker Oppenheimer, dem Leiter der atomaren Laboratorien, bestand in der Tat das gleiche Verhältnis, wie es sich in den Konzentrationslagern zwischen manchen Gefangenen und dem

Unter jenen, die für Hitler die Atombombe hätten herstellen können, war Werner Heisenberg zweifellos der Bedeutendste. Die Physiker, die in Amerika an ihrer Herstellung arbeiteten, glaubten bis zur Besessenheit, daß er sie bereits herstelle. Einer von ihnen, im Gefolge der amerikanischen Vorhut, der zur Jagd auf die deutschen Physiker geschickt war, suchte ihn fieberhaft in dem Teil Deutschlands, das die Alliierten gerade besetzt hatten, in der Vorstellung, daß da, wo Heisenberg wäre, auch die Werkstatt der Atombombe sein müsse. Aber Heisenberg hatte nicht nur das Projekt der Atombombe nicht angesteuert (lassen wir beiseite, ob es ihm gelingen konnte oder nicht, sie herzustellen; planen konnte er sie jedenfalls), sondern hatte die Kriegsjahre in der schmerzlichen Sorge verbracht, daß die anderen, auf der anderen Seite, im Begriff waren, sie herzustellen. Keine unbegründete Sorge, leider. Und er versuchte, wenn auch ungeschickt, jenen anderen zu verstehen zu geben, daß er und die in Deutschland verbliebenen Physiker nicht die Absicht hätten, noch in der Lage wären, sie herzustellen. Wir sagen ungeschickt, weil er glaubte, sich des dänischen Physikers Bohr als Vermittler bedienen zu können, der sein Lehrer gewesen war. Aber Bohr stand schon 1933 in dem Ruf, kindisch geworden zu

Kommandanten bildet. Für diese Gefangenen stellte die Mitarbeit, der »Kollaborationismus«, eine andere Art dar, Opfer zu sein im Vergleich zu den übrigen Opfern. Für ihre Peiniger eine andere Art, Peiniger zu sein. Oppenheimer ist tatsächlich so zerstört aus Los Alamos herausgekommen wie ein gefangener »Kollaborateur« aus einem Vernichtungslager Hitlers. Sein Drama, das uns keineswegs rührt, sondern dem wir nur den Wert eines Gleichnisses, einer Lektion, einer Warnung für die anderen Wissenschaftler beimessen – ist in Wirklichkeit das auf individuellem Niveau gelebte subjektive Drama eines unseligen »Kollaborateurs«, das viele Tausende Personen betroffen hat (in dem Sinne, daß sie dadurch umgekommen sind). Hoffen wir, daß der Tod nicht noch weitere und noch größere Ernten einbringt, dank diesem keineswegs gebrochenen »Kollaborationismus«.

sein; so schrieb Majorana von ihm an den Vater und später an die Mutter, von Leipzig aus, bevor er ihn kannte (folglich mußte er es von Heisenberg gehört haben oder von einem aus dessen Kreis) und aus Kopenhagen, nachdem er ihn kennengelernt hatte: *Am 1. März werde ich mich zu Bohr nach Kopenhagen begeben, dem größten Inspirator der modernen Physik, jetzt ein wenig alt und spürbar kindisch geworden ... Bohr ist für etwa zehn Tage verreist. Er ist im Augenblick mit Heisenberg im Gebirge, um sich auszuruhen. Seit zwei Jahren grübelte er hartnäckig über dasselbe Problem nach, und in letzter Zeit waren die Zeichen der Ermüdung an ihm sehr deutlich zu sehen.* Stellen wir uns sieben Jahre später vor, 1940. Er begriff genau das Gegenteil von dem, was Heisenberg den Kollegen, die in den Vereinigten Staaten arbeiteten, vorsichtig zu verstehen geben wollte.*

Jedenfalls würde in einer menschlicheren Welt, die in der Wahl ihrer Werte und Mythen umsichtiger und gerechter wäre, die Figur Heisenbergs mehr und in noblerer Weise herausgestellt worden sein, mehr als andere, die in seinen Jahren auf dem Felde der Kernphysik arbeiteten. Mehr als jene, die die Bombe herstellten, sie weitergaben, mit Jubel die Nachricht ihrer Auswirkung aufnahmen und erst nachher (aber nicht einmal alle) Verwirrung und Gewissensbisse empfanden.

* Obwohl Majorana auch noch weitere Einzelheiten über Bohrs Verkindlichung gab, so bezeugt doch die Tatsache, daß die Alliierten während des Krieges alles daran setzten, ihn aus dem von den Deutschen besetzten Dänemark herauszuholen, daß er nicht völlig kindisch geworden sein konnte. Vielleicht erweckte nur seine außerordentliche und ständige Zerstreutheit den Anschein von Verkindlichung. Doch kindisch oder zerstreut – auf alle Fälle scheint es gewiß, daß er die Rede von Heisenberg eher als Drohung aufgefaßt hat denn als besorgte und zur Beruhigung Anlaß gebende Botschaft.

6

In Deutschland hatte Ettore, von Heisenberg angespornt, die Arbeit über die Kerntheorie, von der er in einem der Briefe spricht, in der *Zeitschrift für Physik* veröffentlicht. Sonst tat er nichts. Er lernte auch nichts außer Deutsch.

Das, was in jenen Monaten in Deutschland geschieht – Hitlers Machtergreifung, die antisemitischen und Rassengesetze, die katastrophale wirtschaftliche Lage, die dem Nationalsozialismus günstige Indifferenz der Leute –, beobachtet er offensichtlich unbewegt. Will man ein Urteil fällen, so erfüllte ihn eine allgemeine Bewunderung für Deutschland, für seine Tüchtigkeit. Natürlich, wenn wir bedenken, daß er sechsundzwanzig Jahre alt und im Klima und den Illusionen des Faschismus aufgewachsen war, und daß alles, was von Hitler und den deutschen Zeitungen über Italien gesagt wurde – Bewunderung für den Faschismus, für Mussolini, für den Fortschritt des Landes –, ihn nicht unberührt lassen konnte. Aber es ist ein Unterschied, dies zu sagen, oder aber, er sei vom Nazismus begeistert gewesen, wie es gesagt worden ist. Wir sind im Jahre 1933. In Italien kann man Antifaschisten nur im Gefängnis treffen. Vier Jahre vorher hatte die »Versöhnung« zwischen Staat und Kirche stattgefunden: Die Katholiken hatten ihre Reserve dem Faschismus gegenüber aufgegeben, die Bischöfe segneten die Fahnen und proklamierten Mussolini zum »Mann der Vorsehung«. Im Jahr vorher hatte selbst Pirandello die Schirmherrschaft über die Ausstellung zur Zehnjahresfeier der »faschistischen Revolution« übernommen. Marconi war Präsident der von Mussolini gewollten »Königlichen Akademie Italiens«, Fermi, Mitglied der Akademie, war Seine Exzellenz Fer-

ZEITSCHRIFT FÜR
PHYSIK

HERAUSGEGEBEN UNTER MITWIRKUNG
DER
DEUTSCHEN PHYSIKALISCHEN GESELLSCHAFT
VON
KARL SCHEEL

Sonderabdruck 82. Band. 3. und 4. Heft

Ettore Majorana
Über die Kerntheorie

VERLAG VON JULIUS SPRINGER, BERLIN
1933

Frontispiz des von Ettore Majorana in Leipzig geschriebenen Artikels

mi. D'Annunzio (schließlich der einzige, der an solch trauriger Lage ein zweideutiges Vergnügen fand, der einzige, der sich zweideutige Verachtung erlaubte) fuhr fort, brüderliche Botschaften an Mussolini zu senden. Schriftsteller, deren Bekehrung zum Antifaschismus – nachdem der Krieg verloren und der Faschismus erledigt war – niemand zu bezweifeln wagte, verbreiteten Lobgesänge auf den Faschismus und den Duce (manche waren so weit gegangen zu schreiben, daß es ein geradezu stärkendes Vergnügen wäre, im Spanischen Krieg den Anhängern Francos bei der Füsilierung der Gegner beizustehen). Der der jungen Generation liebste Dichter bestätigte, von einer Auflage zur anderen eines seiner Bücher, die Widmung an Mussolini: den Mann, der 1919 seinem Herzen erschienen ist. Die Vorrangstellung Italiens in der Rüstung, im Fußballspiel, in der Physik bezweifelte niemand. Alle Welt bewunderte die Unternehmungen der italienischen Luftwaffe. Akademische und engagierte Kritiker bejubelten die Prosa Mussolinis. Und bei jeder Rede Mussolinis dröhnte die Piazza Venezia von einer Zustimmung, die ihr Echo in Palästen und Hütten fand. Das sowjetische Rußland nahm am Filmfestival von Venedig teil ... Dürfen wir wirklich gerade von Ettore Majorana, der an Politik desinteressiert war bis zur Grenze, zu der man damals desinteressiert sein konnte, der distanziert, verschlossen in seinen Gedanken war, eine gradlinige Ablehnung des Faschismus, ein hartes Urteil über den entstehenden Nationalsozialismus verlangen?

Man muß sich außerdem klarmachen, daß die aus dem Ausland kommenden Briefe häufig, wenn nicht regelmäßig geöffnet und gelesen wurden; wenn etwas gegen den Faschismus in ihnen war oder etwas, das man so auslegen konnte, wurden sie zurückbehalten und kopiert; wenn auch nicht sofort Unannehmlichkeiten entstanden, so blieben sie doch in den Akten der politischen Polizei: auf daß man von ihnen zu gegebener Zeit, das heißt bei besser gebauter Falle, Gebrauch machen konnte. Niemand in Italien, der nur ein Minimum an Beobachtungsgabe und Schlauheit hatte, der das nicht wußte und sich danach richtete: und meist ohne sich zu entrüsten, wie angesichts einer Norm, deren Mangel an Legitimität durch die umsichtige Verteidigung der nationalen Sicherheit, des sozialen Friedens usw. kompensiert wurde. Man muß vermuten, daß die Familie Majorana, nach dem kaum überstandenen Unglück (bei dem die Politik irgendeine Rolle gespielt haben mußte: Polizei und Justiz hatten in ihren vom Zaun gebrochenen, verrückten Nachforschungen, wenn nichts anderes, so doch die Sicherheit, nichts dem Regime Unerwünschtes zu tun; daher auch das Gegengift, die Gegenmaßnahme, Farinacci in das Kollegium der Verteidigung aufzunehmen) besonders argwöhnisch, besonders vorsichtig geworden war, daß sie sich noch überwacht, beobachtet fühlte. Alles in allem: auch wenn Ettore gegenüber dem Faschismus ein Gefühl der Abneigung gehabt hätte, wenn der Nationalsozialismus in ihm eine verächtliche Reaktion hervorgerufen hätte, war es elementare Vorsicht gewesen, sich in den Briefen auf einfache Tatsachen zu beschränken. Hier zum Beispiel, wie er der Mutter die nationalsozialistische »Revolution« beschreibt:

Leipzig, das zum größten Teil sozialdemokratisch war, hat die Revolution ohne Zwang angenommen. Züge von Nationalisten ziehen häufig durch die Haupt- und Nebenstraßen, schweigend, aber mit hinreichend kriegerischem Aussehen. Braune Uniformen sind selten, während das Hakenkreuz überall hervortritt. Die Verfolgung der Juden erfüllt die meisten Arier mit Freude. Die Zahl derer, die durch die Vertreibung der Juden einen Posten in der öffentlichen Verwaltung oder privaten Betrieben finden werden, ist außerordentlich hoch. Das erklärt die Popularität des Kampfes gegen die Juden. In Berlin waren über fünfzig Prozent der Anwälte Israeliten. Von ihnen wurde ein Drittel ausgeschlossen; die anderen blieben, weil sie 1914 in der Armee dienten und den Krieg mitgemacht haben. Im Bereich der Universität wird die Säuberung im Laufe des Oktober abgeschlossen sein. Der deutsche Nationalismus besteht zum großen Teil aus Rassenstolz. Allen Lehrern ist nahegelegt worden, den Beitrag, den die nordische Rasse zur Kultur geleistet hat, in den Schulen hervorzuheben, auch der Kampf gegen das Judentum wird mehr durch die rassische Verschiedenheit als durch *die Notwendigkeit, eine sozial schädliche Mentalität zu unterdrücken, gerechtfertigt. In Wirklichkeit werden nicht nur die Juden, sondern auch die Kommunisten und allgemein Gegner des Regimes aus dem Leben der Gesellschaft in großer Zahl eliminiert. Im ganzen entspricht das Werk der Regierung einer historischen Notwendigkeit: Platz zu schaffen für die neue Generation, die in der wirtschaftlichen Stagnation zu ersticken droht.* *

In diesem Bild scheint keine Begeisterung mitzuschwingen. Die Gleichmütigkeit, die wir für gewollt halten, gibt ihm sogar eine Düsterkeit, die wir vergeblich bei anderen Zeugnissen aus dieser Periode suchen (wenn sie nicht, wie sich versteht, von erklärten Gegnern des Nationalsozialismus stammen). Was die Anerkennung der historischen Notwendigkeit betrifft, der der Nationalsozialismus entspräche: Es konnte ebensogut eine Vorsichtsmaßnahme sein wie eine Überzeugung. Aber wenn es eine Überzeugung gewesen wäre, würden wir darüber nicht schockiert sein: Die Tatsache beiseite, daß er sich außerhalb eines moralischen Urteils stellt, gehorcht er einer Art von Historismus, den es heute wie damals gibt, der in der Zustimmung der Massen die Rechtfertigung für eine Politik sieht. Die Massen lassen sich nicht manipulieren, sagen die jungen Revolutionäre von heute. Man muß sich wundern, daß sie so denken, weil für sie Nazismus und Fa-

* In einem vorangegangenen Brief hatte er deutlich geschrieben: Die *innerpolitische Situation scheint nach wie vor permanent katastrophal, aber mir scheint nicht, daß die Leute das besonders stört.* Im gleichen Brief karikiert er einen Offizier der Reichswehr, der keine Bewegung machen kann, *ohne lautstark die Hacken zusammenzuschlagen:* immer bereit, ihm Feuer für seine Zigarette zu geben; doch gerade diese mechanische Höflichkeit hatte es ihm während seiner ganzen Reise verboten, abgesehen vom Gruß, ein paar Worte mit Majorana zu wechseln.

schismus schon historische Erfahrungen sind, bereits bezahlt und geprüft, aber es ist nicht verwunderlich, wenn das im Jahre 1933 ein junger Mann von sechsundzwanzig Jahren dachte.

Aber bei diesem Detail – den Eindrücken Majoranas vom Nationalsozialismus – haben wir uns etwas grundlos aufgehalten. Bei einem Mann wie Majorana ist es nicht wichtig, ob er sich von der nationalsozialistischen Propaganda hat täuschen lassen oder nicht. In jedem Fall hätte es sich um eine Täuschung gehandelt. Aber er hat sich nicht täuschen lassen – oder wenigstens nicht in dem Maße wie andere, die besser als er informiert waren, die reifer waren als er (um ihnen den Kredit des guten Glaubens zu geben).

7

In den ersten Augusttagen kehrte Ettore aus Deutschland nach Rom zurück.

Aus der Zeit, die seiner Abreise von Leipzig vorausging, stammt ein reger Briefwechsel mit der Mutter, weil er nach seiner Rückkehr in Rom ganz allein im Hause sein wird, da die übrige Familie sich darauf vorbereitete, für den Rest des Sommers nach Abbazia zu reisen. Die Mutter macht sich Sorgen darüber, schlägt sogar vor, selbst wieder nach Rom zurückzufahren: eine kleine Erpressung, um ihn dazu zu bewegen, zu ihnen nach Abbazia zu kommen. Aber er gibt nicht nach: *Du würdest mir wirklich unnötig Sorge machen, wenn Du diese weite und ermüdende Reise auf Dich nähmest, ohne jeden Zweck und Grund. Ich werde mein Programm jedenfalls nicht ändern vor lauter Angst, daß Du Deine so unvernünftige Drohung in die Tat umsetzt.* Augenscheinlich ist er kein Muttersöhnchen (und das sollte man bedenken, wenn man ihn auf konventionelle Art psychoanalysieren wollte). Liebevoll, zärtlich, aufmerksam ist er der ganzen Familie und besonders der Mutter gegenüber; in seinen Entschlüssen aber, seien es nun große oder kleine, zeigt er sich unbeugsam.

Er kehrt also aus Leipzig zurück, vielleicht mit einem festen Arbeitsprogramm, sicherlich aber mit dem Wunsch, dem Verlangen nach Einsamkeit. Gleich nach seinem Eintreffen in Rom, von diesem römischen August an, in dem es ihm gewiß gelungen sein wird, allein im Hause zu leben, allein in der Stadt, wird er (im Sinne Pirandellos) alles daransetzen, als »uomo solo«, als einsamer Mann zu leben.

Vier Jahre lang – vom Sommer 1933 bis zum Sommer 1937 – verläßt er das Haus nur selten und läßt sich kaum noch im Institut für Physik blicken. Von einem gewissen Zeitpunkt an stellt er seine Besuche dort ganz ein. Amaldi, Segrè und Gentile (Giovanni Gentile jun., Sohn des Philosophen) besuchten ihn manchmal: um zu versuchen, sagt Amaldi, *ihn ins normale Leben zurückzuführen.* Die Tatsache, daß Fermi nicht auch zu ihm ging, besagt, daß ihre Beziehungen nie sehr freundschaftlich gewesen oder es nicht mehr waren. Majorana ging jedem Gespräch über Physik geflissentlich aus dem Wege. Er redete über Flotten, Seeschlachten, Medizin, Philosophie. *Sein Interesse an Philosophie, das immer sehr lebhaft gewesen war, hatte sich noch erheblich gesteigert.* Aber daß er nicht über Physik sprechen wollte, beweist nicht, daß er sie aufgegeben hätte, sondern mehr denn je von ihr besessen war. *Aber keinem von uns,* sagt wieder Amaldi, *gelang es jemals herauszubekommen, ob er sich noch mit Forschungen über theoretische Physik befaßte – ich glaube, ja, habe aber keinerlei Beweise dafür.*

Er arbeitet viel, *eine ganz außergewöhnliche Anzahl von Stunden.* Aber woran arbeitete er, wenn aus jener Zeit nur »La Teoria simmetrica dell'elettrone e del positrone« (Die symmetrische Theorie des Elektrons und des Positrons), die er 1937 publizierte, und der Essay über den »Valore delle leggi statistiche nella fisica e nelle scienze sociali« (Die Bedeutung statistischer Gesetze für die Physik und die Sozialwissenschaften), vier Jahre nach seinem Verschwinden veröffentlicht, stammen? Diejenigen, die glauben, daß er nicht mehr im Bereich der Physik gearbeitet habe, können ebenso recht haben wie die anderen, die genau gegenteiliger Meinung sind. Er schrieb stundenlang, am Tage wie in der Nacht; und ob er nun über Physik schrieb oder über Philosophie, Tatsache ist, daß von all den vielen Papieren sich nur zwei kurze Schriften fanden. Zweifellos vernichtete er alles, kurz bevor er verschwand, wobei er, zufällig oder mit Absicht, den Essay verschonte, den Giovanni Gentile jun. 1942 im Februar/März-Heft der Zeitschrift *Scientia* veröffentlichen wird. Der Schluß dieses Aufsatzes ist für uns, die wir äußerst wenig über Physik und noch weniger von Sozialwissenschaften wissen, tief beeindruckend:

Die Kernzertrümmerung eines radioaktiven Atoms kann einen automatischen Zähler in Gang setzen, der das Atom mechanisch erfaßt, was durch einen geeigneten Verstärker möglich ist. Einfache Laboreinrichtungen reichen also aus, um eine allerdings umfangreiche und beachtliche Kette von Erscheinungen vorzubereiten, die von der zufälligen Spaltung eines einzigen radioaktiven Atoms »kommandiert« werden würde. Streng wissenschaftlich gesehen spricht nichts dagegen, daß am Anfang der Menschheitsgeschichte ein ähnlich einfacher, unsichtbarer und unvorhersehbarer Lebensvorgang stattgefunden hat. Wenn das, was wir meinen, zutrifft, haben die statistischen Gesetze der Sozialwissenschaften die zusätzliche Aufgabe, nicht nur empirisch das Ergebnis einer großen Zahl unbekannter Ursachen zu ermitteln, sondern vor allem ein unmittelbares und konkretes Zeugnis über die Wirklichkeit vorzulegen, deren Deutung eine besondere Kunst erfordert, nicht zuletzt als Hilfe für die Kunst des Regierens.

Tief beeindruckend nannten wir diese Schrift im Sinne von Beunruhigung, von Furcht. Ganz automatisch haben wir uns dabei überrascht, sie in Verse zu übertragen, in dem Rhythmus der Diktion und der Vision die Worte auf einem Blatt Papier anzuordnen. Ein merkwürdiges und müßiges Unterfangen, wird man sagen; aber Tatsache ist, daß wir bei seiner Ausführung die Beunruhigung und die Furcht in uns wachsen fühlten. Versucht es auch ihr, wenn ihr wollt: Ihr werdet euch einem entsetzlichen Epigramm gegenübersehen. (Wir sprechen von einem Epigramm in der Bedeutung einer kurzen und gedankenreichen poetischen Komposition, die aber – wer weiß? auch ironisch gemeint sein kann.)

Ettores Schwester Maria erinnert sich, daß er in diesen Jahren oft sagte: *Die Physik ist auf einem falschen Weg* oder, sie erinnert sich nicht genau, *Die Physiker sind auf einem falschen Weg.* Mit Bestimmtheit bezog er sich dabei nicht auf die Forschung an sich, auf die Resultate der Experimente oder auf die Versuchsmethoden der Forschung. Er bezog sich vielleicht auf Leben und Tod, wollte vielleicht dasselbe ausdrücken, was der deutsche Physiker Otto Hahn gesagt haben soll, als man 1939 begann, von der »Freisetzung der Atomenergie« zu sprechen: *Aber Gott kann das nicht wollen!*

Doch halten wir uns an das, was wir durch sichere, übereinstimmende Zeugenaussagen wissen: daß sich Ettore Majorana nämlich in jenen Jahren betrug wie ein »zutiefst erschreckter« Mensch. Verse von Eliot oder Montale könnten uns helfen, seinen »Schrecken« zu definieren; Figuren von Brancati, ihn psychologisch zu motivieren. Dabei denken wir verständlicherweise an Randfiguren wie Ermenegildo Fasanaro in dem Roman »Bell'Antonio«, die den Schrecken jener Art »menschlicher Zwiespältigkeit« fühlen, die die Kraft des Bösen im Menschen ausbrechen sehen, wie es sich vor ihren Augen (1939–1945) vollzieht; und insbesondere denken wir an die Hauptfigur der Erzählung »La cimice« (Die Wanze), auf die uns ein von Amaldi referiertes Detail verweist: daß sich Majorana die Haare *ungewöhnlich* lang hatte wachsen lassen (entspricht die Selbstverständlichkeit, mit der man sich heute die Haare lang wachsen läßt, nicht vielleicht einem diffuseren, allgemeinen »Grauen«?), so lang, daß ein Freund ihm, *trotz seines Protestes, einen Friseur ins Haus schickte.*

Nervöse Erschöpfung – sagen übereinstimmend die Zeugen, und das sagten auch die Ärzte der Familie; und einige hätten sich gezwungen gesehen, von Wahnsinn zu sprechen, wenn sie nicht über jenen delikaten, »modernen« Euphemismus verfügt hätten. Aber nervöse Erschöpfung oder Wahnsinn sind keine offenen Türen, durch die man aus und ein gehen kann, wie man gerade will. Majorana demonstriert jedoch, daß er, wann immer er wollte, in das zurückkehren konnte, was Amaldi *das normale Leben* nannte. Und er kehrte, wie wir glauben, aus ganz »normalem« Trotz dorthin zurück, weil der latente Antagonismus zu Fermi und den »Jungs von der Via Panisperna« wieder erwacht war. Die Jungs waren keine Jungs mehr, sondern Professoren, Ordinarien oder Lehrbeauftragte, mit allem belastet, was dieser Betrieb üblicherweise auf dem Gebiet interner Strategie und Taktik wie auf dem Felde der Sitten und Bräuche mit sich bringt, wenn man Hochschullehrer in Italien ist und am akademischen Leben des Landes (und nicht nur Italiens) teilnimmt.

Es ist bedauerlich, sagen zu müssen, daß die Version, die seitens der akademischen Welt über die Rückkehr Majoranas ins »normale« Leben gegeben wird, an Mystifikation grenzt: Man behauptet nämlich, daß Fermi und die anderen Freunde ihn dazu gebracht hätten, sich an der Ausschreibung für einen Lehrstuhl für theoretische Physik zu beteiligen. In Wirklichkeit war die Entscheidung über die Erteilung der drei ausgeschriebenen Lehrstühle längst gefallen, und zwar nicht unter Einbeziehung Majoranas, den man, im Gegenteil, gar nicht auf der Liste hatte. Wir meinen, daß Majorana sich entschlossen hat, an dem Wettbewerb teilzunehmen aus purer Lust, ein Spiel zu durchkreuzen, das hinter seinem Rücken und um ihn auszuschließen in die Wege geleitet wurde.

In aller Unschuld durchbricht Laura Fermi jene Verschwörung des Schweigens, die sich um diesen Vorgang gebildet hat, und erzählt die Dinge so, wie sie sich in Wirklichkeit abgespielt haben. Der Dreiervorschlag der Liste war, wie üblich, schon gemacht worden, noch vor den Arbeiten der Kommission, und zwar in der Reihenfolge: Gian Carlo Wick erster, Giulio Racah zweiter, Giovanni Gentile jun. dritter.

Die Kommission, in der auch Fermi saß, trat zusammen, um die wissenschaftlichen Leistungen der Kandidaten zu prüfen. An diesem Punkt vereitelte ein unvorhergesehenes Ereignis alle Vorplanungen: Majorana entschloß sich plötzlich zu kandidieren, ohne vorher irgend jemanden zu Rate zu ziehen. Die Konsequenzen seiner Entscheidung lagen auf der Hand: Er wäre als erster durchs Ziel gegangen, Giovanni Gentile jun. hingegen wäre überhaupt nicht in die engere Wahl gekommen.

Angesichts dieser Gefahr raffte der Philosoph Giovanni Gentile alle Energie zusammen und ließ die Umsicht eines guten Familienvaters aus der Landschaft von Castelvetrano walten: Er veranlaßte den Erziehungsminister, die Ausschreibung zu suspendieren – nachdem Ettore Majorana auf elegante Art als Konkurrenz eliminiert und auf den Lehrstuhl für theoretische Physik der Universität Neapel berufen worden war, auf Grund seiner »chiara fama«, seines unbestreitbaren Rufes, und eines alten Gesetzes des Ministers Casati, das 1935 durch den Faschismus wieder in Kraft gesetzt worden war. Alles kam also wieder in Ordnung, und Majorana war damit nun wirklich gezwungen, ins »normale« Leben zurückzukehren, er, der sich an diesem Wettbewerb nur beteiligt hatte, um seinen Kollegen einen bitteren Streich zu spielen. Unter diesen faßte später, nach seinem Verschwinden, die Überzeugung Fuß, er sei in einer Art Panik geflüchtet, aus dem Trauma heraus, sich nun mitteilen, Vorlesungen halten zu müssen. Als wollten sie sagen, ihm sei ganz recht geschehen.

8

Aus einer reinen Trotzgebärde, aus Eigensinn hatte Majorana also einen Mechanismus ausgelöst, der über ihm zuschnappte wie eine Falle. Man kann ohne weiteres annehmen, daß er sich schon wie in einer Falle fühlte – in der Falle einer »Normalität«, die ihn zwang, unablässig weiterzumachen, zu publizieren, sich ständig auf der Höhe jener »chiara fama« zu halten, um derentwillen er auf den Lehrstuhl berufen worden war – kurz, regelmäßig und fortgesetzt das zu tun, was er immer zu vermeiden versucht und in den letzten Jahren konsequent vermieden hatte, als wäre er endgültig zum Verzicht entschlossen. Er mußte nunmehr auf der Ebene eines Fermi bleiben.

Sicher, er fühlte auch das Unbehagen, unterrichten zu müssen, zu reden, sich mitzuteilen, aus sich herauszugehen. Aber aus den Briefen an die Familie, aus den Erinnerungen seiner Schwester und den Eindrücken anderer, die ihm in dieser Zeit nahestanden, geht nicht hervor, daß ihm das Unterrichten besondere Schwierigkeiten gemacht hätte. Seine Vorlesungen waren wenig besucht, was für ihn eine Erleichterung gewesen sein muß; ein einziger aufmerksamer, interessierter Zuhörer war für ihn ein hinreichender Ausgleich.

In diesen ersten drei Monaten des Jahres 1938 spielt sich sein Leben in Neapel zwischen seinem Hotel und dem Institut für Physik ab. Mit Carelli, dem Direktor des Instituts, unterhielt er sich nach dem Kolleg lange über Fragen der Physik. Obwohl Majorana es peinlich vermied, auch nur andeutungsweise darüber zu sprechen, hatte Carelli den Eindruck, daß er an etwas *sehr Wichtigem arbeitete, von dem er nicht reden mochte.*

Er machte einsame Spaziergänge am Meer und war auf der Suche nach einer geeigneten Pension, in die er aus dem Hotel zu übersiedeln gedachte. Trotz der *guten Adressen,* die er, wie er sagte, bekommen hatte, und obwohl er am 22. Januar seiner Mutter den bevorstehenden Umzug vom Hotel in die Pension ankündigte, schien es ihm doch nicht zu gelingen, sie zu finden, da er im Februar vom Hotel Terminus in das sauberere und bequemere Hotel Bologna zog. An diesem Punkt setzt unser erster Zweifel, unser erster Verdacht ein: daß er nämlich im Januar doch die geeignete Pension gefunden hatte und fortan sein Verschwinden vorbereitete, indem er, zwischen dieser Pension und dem Hotel hin und her pendelnd, ein Doppelleben führte. Denn sein Verschwinden ist in unseren Augen wie eine minutiös durchkalkulierte und gewagte architektonische Konstruktion; etwas ähnliches wie der tollkühne Streich, den Filippo Brunelleschi dem Tischler Manetto Ammanatius, dem Grasso Legnaiuolo, spielte.* Eine dieser leichten und luftigen Konstruktionen, die ein Nichts in sich zusammenstürzen lassen kann, die aber gerade deswegen halten, weil dieses Nichts mit einkalkuliert ist. Gewiß, jenseits des Kalküls muß man mit den Imponderabilien, dem Unvorhersehbaren rechnen. Der Streich, um voll zu gelingen, hing nicht, wie bei der Kuppel von Santa Maria del Fiore [dem Dom von Florenz] allein von den Berechnungen ab, von der Geschicklichkeit, der Wachsamkeit des Ser Filippo Brunelleschi – dazu brauchte es noch Glück, wie bei allen Unternehmen, wo das Nichtvoraussehbare ins Spiel kommen und das Ganze zum Einsturz bringen kann. Und Brunelleschi fehlte es nicht an Glück. Aber es könnte zynisch klingen, wollte man sagen, daß es Ettore Majorana vielleicht ebenso-

* Anspielung auf »Die Novelle vom Dicken Tischler«, dem Brunelleschi, Donatello und andere weismachen, er sei gar nicht er, sondern ein anderer. Die Erzählung stammt von Antonio Manetti. (A. d. Ü.)

wenig an Glück gefehlt hatte. Tatsache bleibt, daß er, tot oder lebendig, durch Selbstmord oder durch Flucht, verschwinden wollte; und daß alle jene Imponderabilien, die nicht eingetreten sind, um ihn auffinden zu lassen, in seinem Sinne als das anzusehen sind, was man als Glück zu bezeichnen pflegt.

Aber gehen wir der Reihe nach vor. Bemerkenswert ist schon, daß bei den zwei Vorlesungen, die er wöchentlich an der Universität zu halten hatte, ein fester Wohnsitz in Neapel gar nicht notwendig war, um so weniger, als er ja in Rom ein Zuhause hatte. Zweifellos gefiel ihm das Wohnen im Hotel, wo er mehr für sich sein konnte, als ihm das bei einem Leben im Schoß der Familie möglich gewesen wäre. An den Briefen, die er aus Neapel schrieb, fällt auch im Vergleich zu denen aus Deutschland eine Art distanzierterer Abstand in den Beziehungen zu seinen Angehörigen auf, besonders spürbar in der letzten Nachricht. Vielleicht empfand er in der »normalen« Befriedigung seiner Angehörigen über seine wiedergefundene oder gefundene »Normalität«, in ihrem Stolz auf die ungewöhnliche Anerkennung, die ihm durch die Berufung auf Grund der »chiara fama« zuteil geworden war, ein Zeichen der Verständnislosigkeit, eine Reaktion, die sich durch seine extreme Sensibilität noch steigerte. Wie auch immer, in Neapel hatte er sich der absoluten Einsamkeit, die er ersehnte, um einen weiteren Schritt genähert. Jetzt war nur noch einer, der endgültige Schritt zu tun.

Über diesen Schritt, glauben wir, muß er lange »meditiert« haben, über die Schwierigkeiten, die zu überwinden waren, um sein Vorhaben zu einem glücklichen Ende zu bringen. Der dem Polizeichef Bocchini gewiß fälschlich zugeschriebene Satz – *die Toten findet man, es sind die Lebenden, die verschwinden können* – paßt ausgezeichnet auf diesen Fall, jedoch mit dem Zusatz, daß lediglich intelligente Lebende zu verschwinden vermögen, ohne eine Spur zu hinterlassen, oder, wenn sie unvermeidlicherweise eine hinterlassen, der Entdeckung durch genaueste Vorausberechnung der falschen Einschätzung dieser Spur durch die anderen und wie ungeschickt sie ihr nachgehen werden, vorzubeugen. Die anderen, das heißt die Polizei. Wir glauben, Majorana sei zu seinem Urteil über die Polizei, und hier verweisen wir auf das Urteil von Bergotte über Professor Cottard, durch die Erfahrung gekommen, die er sich bei der Lektüre all der Prozeßakten erworben hatte, welche den Hauptteil jener mehr als zwanzigtausend Seiten bildeten, mit denen Dante und Sara Majorana vor das Schwurgericht nach Florenz geschickt wurden.

Hafenansicht von Neapel

Am Abend des 25. März reiste Ettore Majorana mit dem Postschiff Neapel – Palermo um 22 Uhr 30 ab. Er hatte einen Brief an Carelli, den Direktor des Instituts für Physik abgeschickt, einen anderen im Hotel hinterlassen, der an seine Familie adressiert war. Warum er nicht auch diesen mit der Post beförderte, ist leicht begreiflich: er hatte berechnet, wie die Dinge ablaufen mußten und wie sie dann auch tatsächlich abgelaufen sind. Seine Familie sollte nicht brutal die Nachricht erhalten, sondern stufenweise, nach und nach. Diese Briefe sind längst bekannt, seit sich nämlich Professor Erasmo Recami, ein junger Physiker am »Domus Galileiana«, mit den Schriften Majoranas beschäftigte und sie publizierte. Aber wir halten es für notwendig, sie nochmals zu zitieren. Der an Carelli gerichtete Brief:

Lieber Carelli, ich habe einen Entschluß gefaßt, der nunmehr unvermeidlich war. In ihm steckt nicht das kleinste Körnchen Egoismus, doch bin ich mir der Unannehmlichkeiten bewußt, die mein plötzliches Verschwinden Dir und den Studenten verursachen wird. Auch das bitte ich Dich, mir zu verzeihen, vor allem aber, daß ich das Vertrauen, Deine aufrichtige Freundschaft und die Sympathie, die Du mir in diesen Monaten entgegengebracht hast, enttäusche. Ich bitte Dich, mich auch bei jenen in Erinnerung zu bringen, die ich in Deinem Institut kennen und schätzen gelernt habe, besonders bei Sciutti. Auch sie werde ich in lieber Erinnerung behalten, wenigstens bis elf Uhr dieses Abends und möglicherweise auch späterhin.

Was will das besagen, *darin ist nicht ein Körnchen Egoismus,* wenn nicht, daß der Entschluß einem ganz anderen Gefühl, einer ganz anderen Absicht, einem ganz anderen Schmerz entsprang als dem Schmerz einer Gastritis oder einer Migräne, wie manche zu glauben geneigt sind? Der Satz steht da, klar und unzweideutig: und ist doch bis jetzt in Unsichtbarkeit gehüllt. Zudem ist die Doppeldeutigkeit zu beachten, die in der Angabe *um elf Uhr dieses Abends* liegt: auf dem Höhepunkt des Zweifels, der Ungewißheit über die Unsterblichkeit der Seele, aber auch über die Grenze zwischen Leben und Tod, zwischen dem Entschluß, zu sterben oder weiterzuleben. Warum diese präzise Zeitangabe? War das nicht zudem der ungünstigste

Augenblick, auf dem Dampfer Neapel–Palermo Selbstmord zu begehen? Wenn das Schiff um 22 Uhr 30 ablegte, war es um 11 Uhr noch im Golf von Neapel, noch in Sicht des Hafens, der Lichter der Stadt, die Reisenden alle auf dem Oberdeck, sämtliche Matrosen in voller Tätigkeit. Ein Mann, der sich eine halbe Stunde nach Abfahrt eines Schiffes ins Meer stürzt, riskiert, wenn nicht gerettet, so doch gesehen zu werden. Ist es möglich, daß Majorana, wenn er wirklich die Absicht gehabt haben sollte, sich umzubringen, das nicht einzukalkulieren gewußt hätte?

Es muß in dieser Zahl elf irgendein Geheimnis, irgend eine Botschaft verborgen sein. Vielleicht könnte ein Mathematiker, ein Physiker, ein Experte für Navigation versuchen, diese Botschaft zu entziffern. Es sei denn, Majorana hätte diese Zahl eigens angegeben, damit man an eine Absicht, an eine Botschaft glauben sollte. Eine Weile waren wir tatsächlich dieser Meinung, er habe die Stunde berechnet, in der seine Leiche durch die Strömung im Golf von Neapel nicht mehr aufzufinden sein würde.

Wir haben andere Briefe von Selbstmördern gesehen, und aus allen sprach, bis ins Schriftbild hinein, eine mehr oder weniger starke Erregung. Etwas Aufgelöstes, Chaotisches. In den beiden Briefen Majoranas dagegen ist Ordnung, Vorsorglichkeit, Haltung, ein Spiel bis an die Grenze der Doppeldeutigkeit, die nicht anders als gewollt sein können: wenn man ihn soweit kennt, wie wir ihn inzwischen kennen. Auch das Wort »scomparsa« (Verschwinden) an Stelle von Tod oder Ende wurde unserer Meinung nach bewußt gebraucht, damit es als Euphemismus verstanden würde – während es gar keiner war.

Und hier der Brief an seine Angehörigen, wenn man ihn überhaupt als Brief bezeichnen kann: *Ich habe nur einen Wunsch: daß Ihr Euch nicht schwarz kleidet. Wenn Ihr Euch dem Brauch beugen wollt, tragt ruhig, aber nicht länger als drei Tage, irgendein Zeichen der Trauer. Später erinnert Euch in Euren Herzen an mich, wenn Ihr könnt,*

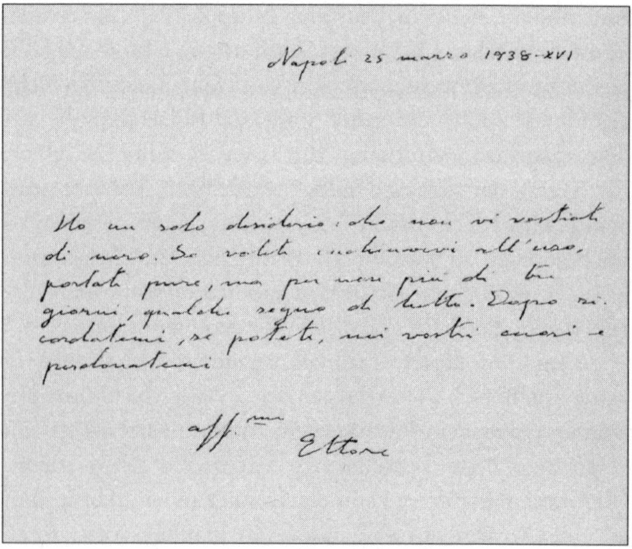
Napoli 25 marzo 1938-XVI

Ho un solo desiderio: che non vi vestiate di nero. Se volete inchinarvi all'uso, portate pure, ma per non più di tre giorni, qualche segno di lutto. Dopo ricordatemi, se potete, nei vostri cuori e perdonatemi.

aff.mo Ettore

Ettore Majoranas Abschiedsbrief
an seine Familie

und verzeiht mir. Auch hier eine Zahl: Drei. 3, 11, 3 + 11 = 14. Können diese Zahlen eine Bedeutung haben? Wir wissen nichts über Zahlen, wir wissen etwas über Worte, und drei Worte sind es, die der Familie in dieser kurzen Nachricht wehgetan haben werden: *wenn Ihr könnt.*

Carelli hatte den Brief noch gar nicht erhalten, als ihn ein dringendes Telegramm Majoranas aus Palermo erreichte, in dem dieser ihn bat, seinen Brief als gegenstandslos zu betrachten. Erst als er später den Brief bekam, begriff er den Sinn des Telegramms und rief die Majoranas in Rom an. Ein weiterer Brief von Ettore, aus Palermo, traf bei ihm ein, auf einem Briefbogen des Grand Hotel Sole:

Lieber Carelli, hoffentlich hast Du das Telegramm und meinen Brief zur gleichen Zeit erhalten. Das Meer hat mich abgewiesen, und ich werde morgen ins Hotel Bologna zurückkehren. Vielleicht reise ich zusammen mit diesem Brief. Ich habe jedoch die Absicht, auf den Unterricht zu verzichten. Halte mich nicht für ein Mädchen aus einem Stück von Ibsen, der Fall ist anders. Für alle Einzelheiten stehe ich Dir zur Verfügung.

Der Brief stammt vom 26. März. Den polizeilichen Ermittlungen nach hat sich Majorana am selben Tag um 7 Uhr abends auf das Postschiff nach Neapel begeben und es am folgenden Morgen um 5 Uhr 45 verlassen. Aber wir hegen da einige Zweifel, und zwar nicht in bezug auf die Hypothese, er hätte sich während der Rückfahrt ins Meer gestürzt, sondern über die Hypothese, daß er das Schiff am Abend des 26. in Palermo überhaupt bestiegen hat.

9

Daß die Reise bis zur Ausschiffung in Neapel durchgeführt worden war, bestätigte die Rückfahrkarte, die bei der Verwaltung der »Tirrenia« abgegeben wurde und sich dort auch vorfand. Daß in der Kabine, die Ettore Majorana laut Fahrkarte belegt hatte, eine Person gereist war, die er hätte sein können, sagte Professor Vittorio Strazzeri aus, der die Nacht in derselben Kabine verbracht hatte.

Aus den abgegebenen Fahrkarten ging hervor, daß in besagter Kabine der Engländer Carlo Price, Vittorio Strazzeri und Ettore Majorana gereist waren. Unmöglich, den Engländer Price wiederzufinden, aber es war leicht, Professor Strazzeri, Dozent an der Universität Palermo, ausfindig zu machen.

Alarmiert durch einen Brief von Ettores Bruder (dem mit Sicherheit eine Fotografie beigelegen haben wird), zog Professor Strazzeri zweierlei Dinge in Zweifel: daß er tatsächlich mit Ettore Majorana gereist war und daß der »dritte Mann« ein Engländer gewesen sei. Aber von einer Tatsache ist er absolut überzeugt: *Wenn die Person, die mit mir gereist ist, Ihr Bruder war, hat er sich, wenigstens bis zur Ankunft in Neapel, nicht umgebracht.* Was den Engländer betrifft, so bezweifelt er nicht, daß er Price hieß, aber er sprach italienisch *wie wir, wie die Leute aus dem Süden,* und hatte ziemlich ungeschliffene Manieren, wie ein kleiner Kaufmann oder ähnlich. Damit sind wir wirklich beim »dritten Mann« angelangt. Doch ist das Problem gar nicht schwer zu lösen. Nachdem Professor Strazzeri einige Worte mit dem Mann gewechselt hat, der Carlo Price sein sollte, und mit dem, der Ettore Majorana sein konnte, überhaupt nicht gesprochen hatte, kommt man zu der durchaus glaubhaften Hypothese, daß der Mann, der nicht sprach und von dem Strazzeri dann erfuhr, daß es sich um Ettore Majorana gehandelt haben mußte, in Wirklichkeit der Engländer war, während derjenige, von dem ihm später gesagt wurde, es müsse Price gewesen sein, hingegen ein Sizilianer war, dem Anschein nach irgendein Geschäftsmann, der an Stelle von Majorana fuhr. Daran ist gar nichts Romanhaftes: Majorana konnte zur geeigneten Zeit zum Fahrkartenschalter der »Tirrenia« gegangen sein und seine Karte jemandem geschenkt haben, der sich gerade eine kaufen wollte und der ihm vielleicht dem Alter, der Statur und Haarfarbe nach ein bißchen ähnelte (nichts leichter, als in einer Gruppe von Sizilianern, selbst wenn sie klein ist, einen »sarazenischen« Typ zu finden). Will man diese Hypothese nicht akzeptieren, muß man entweder die Glaubwürdigkeit der Zeugenaussage von Professor Strazzeri anzweifeln oder, wie es jemand versucht hat, auf die romanhafte These setzen, daß dieser Price, der gar nicht Price, sondern ein als Engländer verkleideter Sizilianer war, Majorana folgte und dessen Aktionen dirigierte. Auf diesem Wege kann man leicht zu der kuriosen Vorstellung einer Mafia kommen, die sich außer mit Mädchen- auch mit Physikerhandel beschäftige.

Aber von all solchen Hypothesen abgesehen, bleibt die Tatsache bedeutsam, daß Professor Strazzeri keineswegs davon überzeugt ist, mit Ettore Majorana zusammen gereist zu sein, dafür aber vollkommen sicher, daß die Person, welche Majorana sein konnte, in Neapel an Land ging. Dessen ist Strazzeri so sicher, daß er dem Bruder empfichlt, in irgendwelchen Klöstern nach Ettore zu suchen: Es sei schon manches Mal vorgekommen, sagt er, daß Personen, *die keineswegs sonderlich religiös waren,* sich in ein Kloster zurückgezogen hätten – wobei er offensichtlich dem Vorurteil huldigt, daß Wissenschaftler grundsätzlich weit entfernt von der Religion, wenn nicht völlig irreligiös sein müßten. Aber Strazzeri irrte. Ettore Majorana war religiös. Sein Drama ist ein religiöses Drama gewesen, wir würden sagen, ein Drama wie das Pascals. Daß er das religiöse Schaudern vorauslitt, bei dem wir die Wissenschaft eines Tages anlangen sehen werden – wenn sie da nicht schon angelangt ist. Hierin liegt der Grund, weshalb wir diese Seiten über Majoranas Leben niederschreiben.

Der Brief von Professor Strazzeri, sein Rat, nach Ettore im Bereich von Klöstern zu suchen, stammt vom 31. Mai. Aber wir haben gesehen, daß Giovanni Gentile schon am 16. April den Polizeichef Bocchini zu einer Suchaktion in Klöstern veranlassen wollte, und das ganz gewiß auf Betreiben der Familie Majorana.

Am 17. Juli erschien in der Rubrik *»Wer hat ihn gesehen?«* in der italienischen Wochenzeitung *La Domenica del Corriere* eine kleine Fotografie und eine Personenbeschreibung des verschwundenen Ettore Majorana:

Alter 31 Jahre, 1,70 m groß, schlank, schwarzes Haar, dunkle Augen und eine lange Narbe auf einem Handrücken. Wer etwas über ihn weiß, wird gebeten, an R. P. Marianecci, Viale Regina Margherita 66, Rom, zu schreiben.

Der Pater Superior der Kirche Gesù Nuovo in Neapel wußte etwas davon: Er sagte, daß Ende März oder Anfang April ein junger Mann, den er nach der Fotografie fast mit Sicherheit als Ettore Majorana wiedererkannte, zu ihm gekommen sei und gebeten habe, ihn als Gast in einem Exerzitienhaus aufzunehmen, wo er versuchen wolle, Einkehrtage zu halten. Die Formulierung, die mit Ordensgepflogenheiten übereinstimmte, legt den Gedanken nahe, daß dem jungen Mann diese besonderen Gepflogenheiten vertraut waren und daß er sich aus Gründen der

Zuneigung oder der Gewohnheit gerade an die Jesuiten gewandt hatte. Ettore war nämlich Zögling des »Convitto Massimo« in Rom gewesen und wußte über die dortigen Regeln gut Bescheid. (Eine Art Zeugnis des Konvikts für die Zeit vom 15. Dezember 1917 bis zum 27. Januar 1918 erteilte ihm folgende Zensuren: Frömmigkeit zehn, Disziplin zehn, Fleiß zehn, Betragen zehn – innerhalb der Stubengemeinschaft. Was die Schulnoten anbetrifft, so hält er sich bei zehn für Betragen, sinkt aber auf neun in puncto Fleiß und Lernerfolg ab. Und diese zehn in Frömmigkeit, von der wir sehr wohl wissen, daß sie nicht »unsere Art« von Frömmigkeit ist, ist eindrucksvoll.)

Der Pater Superior in Neapel war mißtrauisch geworden durch die Erregung, die der junge Mann nicht zu verbergen vermocht hatte, und sagte, ja, es wäre möglich, aber nicht sofort. Er möge wiederkommen. Aber er kam nicht wieder.

Ende März, Anfang April. Vor der Abreise nach Palermo und den Briefen, die den Selbstmord ankündigten, oder später, nach seiner Rückkehr nach Neapel? Denn nach Neapel war er zurückgekehrt, nach der Zeugenaussage der Krankenschwester, wenn auch nicht mit dem Postschiff am 27. März. Und die Krankenschwester war auch nicht eine beliebige Krankenschwester, eine, die ihn kaum und nur zufällig kannte und sich nun, wie das oft vorkommt, in die Geschichte hineindrängt: Es war seine Krankenschwester, jene, von der in einem Brief an die Mutter die Rede ist und die ihm auch die *guten Adressen* für die Pension, die er suchte, gegeben hatte. Ihre Zeugenaussage war tatsächlich der einzige unerwartete, unvorhergesehene Faktor, der durchbrechen konnte, was wir für einen genauest kalkulierten Plan halten, den Plan, den Majorana für sein Verschwinden ausgearbeitet hatte: Und wenn die unwägbare, unvorhersehbare Tatsache hinzugekommen wäre, daß die Polizei sie ernst genommen hätte, wären wir jetzt vielleicht nicht dabei, Hypothesen über das Verschwinden von Majorana aufzustellen. Aber es war eben durchaus zu erwarten und vorauszusehen, daß die Polizei diese Aussage einfach übergehen und in den Bereich jener unerheblichen Wahnvorstellungen verweisen würde, die bei mysteriösen Fällen zu entstehen pflegen.

Die Angehörigen freilich glaubten der Krankenschwester, und sie glaubten, daß der Superior von Gesù Nuovo Ettore nach dem 27. März tatsächlich gesehen hatte. Bis zu einem gewissen Zeitpunkt glaubte unserer Meinung nach die ganze Familie daran, die Mutter bis zuletzt, bis zu ihrem Tode; und sie bedachte ihn in ihrem Testament mit jenem Anteil der Erbschaft, der ihm zustand, *wenn er zurückkommen wird*. Und wir sind davon überzeugt, daß sie recht hatte.

Ihr Brief an Mussolini ist nicht vom Wahn der mütterlichen Liebe und Hoffnung gekennzeichnet: Sie spricht darin Dinge aus, die objektiv richtig und zutreffend sind. Insbesondere sagt sie – und das ist der Kernpunkt:

Er war stets gelassen und ausgeglichen, und das Drama seiner seelischen und nervlichen Verfassung wirkt deshalb wie ein Geheimnis. Aber eines ist gewiß, und das bestätigen mit voller Überzeugung seine Freunde, die Familie und ich selber, seine Mutter: Es traten bei ihm niemals zuvor krankhafte oder psychische Symptome auf, die den Gedanken an Selbstmord hätten aufkommen lassen; im Gegenteil, die Klarheit und die Strenge, die sein Leben und seine Studien kennzeichneten, erlauben, ja zwingen gerade dazu, ihn einzig und allein als ein Opfer der Wissenschaft zu betrachten.

Noch andere absolut vernünftige Dinge teilte Ettores Mutter in diesem Brief mit, die auch vernünftig geblieben wären, wenn sie das Sieb der polizeilichen Mentalität passiert hätten: Man müsse draußen, auf dem Lande nach ihm suchen, in irgendwelchen Bauernhäusern, wo er mit dem Geld, das er bei sich hatte, länger auskommen konnte, und den Konsulaten sollte man seine Paßnummer angeben und dabei erwähnen, daß dieser Paß im August ablaufen würde ...

Denn auch dieses weitere Element, das gegen die Selbstmord-These spricht, sollte man berücksichtigen: Ettore Majorana hatte seinen Paß und auch Geld bei sich. Am 22. Januar hatte er die Mutter gebeten, seinen Bruder Luciano zu veranlassen, sein persönliches Guthaben bei der Bank abzuheben und ihm *das ganze Geld* zu schicken. Und einige Tage vor dem 25. März, dem Tag, an dem er unter Ankündigung seines Selbstmordes nach Palermo aufgebrochen war, hatte er sich sein Gehalt von Oktober bis Februar auszahlen lassen, das er bis zu diesem Augenblick nicht abgeholt hatte. Ihm ging jeglicher Sinn für Geld ab, wie die Gehälter für fünf Monate beweisen, die er praktisch vergessen hatte. Daß er sich plötzlich für Geld interessiert haben soll, ausgerechnet am Vorabend seines Selbstmordes, scheint unwahrscheinlich. Dafür gibt es nur die einfache Erklärung: Er brauchte das Geld für das, was er vorhatte.

Es gibt noch eine andere, kompliziertere These: Die Unstimmigkeit, daß ein Selbstmörder so viel Geld wie möglich mit sich herumtrug und obendrein seinen Paß, mag dazu gedient haben, in der Mutter die Illusion zu nähren, er sei noch am Leben, die Hoffnung, daß er sich nicht umgebracht habe. Aber diese Erklärung steht in Widerspruch zu seiner Bitte, keine Trauerkleidung für ihn anzulegen oder allenfalls ein einfaches Trauerzeichen, aber das nur drei Tage lang – die drei Tage der strengen Trauer Siziliens. Er wollte, daß man an seinen Tod glaube.

10

Wenn er sich auf »einen« oder auf »den« Tod vorbereitete, auf einen Zustand, in dem Vergessen, Sichvergessen und Vergessenwerden herrscht (was zum wahren und wirklichen Tod gehört, aber auch zu einem nur behördlich bescheinigten, wenn man die Absicht oder die Neigung hat, sich nie mehr »mit den anderen« einzulassen, auf ihr Leben und ihre Gefühle mit den Augen eines Insektenforschers zu blicken; eine Absicht oder Neigung, die Pirandellos Mattia Pascal gänzlich abging, die aber zwanzig Jahre später sein Vitangelo Moscardi aufbrachte: Wir erinnern uns dieser beiden Pirandello-Figuren auch aus dem Grund, weil es auf journalistischer oder TV-Ebene als sicher galt, daß Ettore Majorana für Mattia Pascal als Vorbild eine Zuneigung hegte, während der Protagonist von Pirandellos »Einer, keiner, hunderttausend«, seinen persönlichen Aspirationen weit mehr entgegenkam); wenn er also sein eigenes Verschwinden vorbereitete, es organisierte und berechnete, glauben wir, daß in Majorana – im Widerspruch, im Widerstreit und als Kontrapunkt zu seinem Vorhaben das Bewußtsein aufflackerte, die Daten seines kurzen Lebens könnten zum Geheimnis seines Verschwindens in Beziehung gebracht werden und sich in einen Mythos verwandeln. Die Wahl – scheinbar oder real – des »Todes durch das Wasser« weist auf einen anderen Mythos hin, den sie wiederholt: auf den des Odysseus bei Dante. Seine Leiche unauffindbar zu machen oder den Glauben zu erwecken, er sei im Meer verschwunden, war eine Betonung des mythischen Bezugs. Schon das Verschwinden als solches hat in jedem Fall etwas Mythisches. Der Körper, der nicht aufgefunden wird und dessen Tod man nicht betrauern kann, ist kein »wirklicher« Tod; die andere Identität, das andere Leben – das kein »wirkliches« Leben, keine »wirkliche« Identität ist –, die der Vermißte irgendwo anders hat oder führt, indem er in die Sphäre des Unsichtbaren eintaucht, machen das Wesen des Mythos aus. All das verpflichtet zu einem Gedenken jenseits von Bürokratie und Justiz (die Todeserklärung wird fünf Jahre nach dem Verschwinden ausgestellt), zu einem unbefriedigenden Mitleid, unerbittlichen Ressentiments. Wenn die Toten, wie Pirandello sagt, »die Pensionäre des Gedächtnisses« sind, so sind die Vermißten die Empfänger eines länger ausgezahlten und höheren Gedächtnislohns. Das gilt in jedem Fall. Aber besonders in einem Fall wie dem Ettore Majoranas, bei dessen mythischem Verschwinden Jugend, geniale Begabung, Wissenschaft eine mythische Bedeutung annahmen. Wir glauben, daß Majorana dies in Rechnung stellte, auch aus dem absoluten und totalen Verlangen heraus, ein »einsamer Mensch« zu sein oder »nicht mehr zu sein«; und daß er in seinem Verschwinden einen Mythos vorbildete und er sich dessen bewußt war: den Mythos der Verweigerung gegenüber der Wissenschaft.

In jenem Sizilien geboren, das seit zwei Jahrtausenden keine Wissenschaftler hervorgebracht hatte, wo deren Fehlen, wenn nicht Ablehnung der Wissenschaft, eine Lebensnorm geworden war, wirkte seine bloße Existenz, die Tatsache, daß er Wissenschaftler war, schon wie ein Mißklang.* Seine Art, die Wissenschaft in sich zu tragen wie

* Offensichtlich will diese Behauptung nicht apodiktisch in dem Sinn sein, daß die Sizilianer für die Wissenschaft ungeeignet seien, weil Sizilien seit mehr als zwei Jahrtausenden keine wissenschaftliche Begabung hervorgebracht hat. Eine solche Behauptung wie die unsere setzt immer historische Gründe voraus: In diesem Fall ist es die, im Vergleich zu anderen Regionen Italiens, längere, bedrückendere und engmaschigere Präsenz der Inquisition, der spanischen In-

ein Stück von sich selbst, wie eine vitale Funktion, wie ein Maß des Lebens, mußte ihm eine beängstigende Last gewesen sein; und noch mehr die Vorausahnung dieser Todeslast, die er fühlte, wie sie bei jeder Forschung, bei jeder Entdeckung eines Geheimnisses der Natur objektiviert wurde: sich ansammelte, anschwoll, sich im menschlichen Leben ausbreitete wie tödlicher Staub. *I will show you fear in a handful of dust,** sagte der Dichter. Dieses Schaudern, glauben wir, muß Majorana in einer Handvoll Atome erblickt haben.

Hat er präzise die Atombombe vor sich gesehen? Die Experten und besonders diejenigen, die die Atombombe hergestellt haben, schließen das entschieden aus. Wir können nichts anderes tun, als Geschehnisse und Daten anzuführen, die Majorana und die Geschichte der Kernspaltung

quisition. Ein Grund, warum auch Spanien als ein Land betrachtet werden kann, das als Nährboden der Wissenschaft ungeeignet ist. Genauso selbstverständlich will das nicht besagen, daß in Sizilien – von Archimedes bis Majorana – sich niemand der Wissenschaft verschrieben hätte. Es gab einen Maurolico; es existierten Bernardino d'Ucria und Bottone, zwei Botaniker; es existierte der Philosoph und Forscher Campailla, der Anatom Ingrassia, der Chemiker Cannizzaro. Als unmittelbare Vorgängerin von Ettore Majoranas Arbeit kann man die »Mathematische Schule von Palermo« betrachten, und – einen Vorgänger gibt es auch in der Familie selbst, den Physiker Quirino Majorana. Als Professor an der Universität Bologna hat er sich ein ganzes Leben lang bemüht zu beweisen, daß die Relativitätstheorie auf einem Irrtum beruhe, ohne daß ihm das jemals gelang, was er auch ehrlich zugab, was ihn aber nicht davon abhielt, diese Theorie unentwegt anzufechten. Ein Fall, der uns »typisch sizilianisch« zu sein scheint. Und wir wüßten gern, wie die Beziehungen zwischen dem Onkel und dem Neffen Majorana waren und wie die Diskussionen über die Relativitätstheorie zwischen ihnen aussahen: zwischen Ettore, der daran glaubte, und Quirino, der sich weigerte, sie anzuerkennen.

* »In einer Handvoll Staub werde ich Dir das Schaudern zeigen«, T. S. Eliot, Das wüste Land, I, 30. (A. d. Ü.)

betreffen, was ein beunruhigendes Bild ergibt. Jedenfalls für uns, die Uneingeweihten, die Laien.

Im Jahre 1931 hatten Irene Curie und Frederic Joliot die Resultate von verschiedenen ihrer Experimente als Compton-Effekt auf die Protone interpretiert. Als Majorana diese Interpretation las, hatte er spontan das gesagt – wie Segrè und Amaldi übereinstimmend bezeugten –, was Chadwick am 17. Februar 1932 in einem Brief an die Zeitschrift *Nature* schrieb. Nur daß Chadwick, wenn der Titel seines Briefes nicht täuscht, seine Interpretation lediglich als Möglichkeit anführte *(Possible existence of a neutron)*, während Majorana mit Sicherheit und voll Ironie erklärt hatte: *Diese Narren, da haben sie den Zusammenhang von Proton und Neutron* (aus denen ein Deuteron, der Kern des schweren Wasserstoffatoms besteht) *entdeckt – und haben es nicht gemerkt!*

1932, sechs Monate, ehe Heisenberg sein Werk über die Wechselwirkungsenergie der Kerne veröffentlichte, hatte Majorana, wie wir gesehen haben, die gleiche Theorie den Kollegen vom römischen Institut unterbreitet und auf ihr Drängen, seine Theorie sofort zu publizieren, negativ reagiert. Als Heisenberg dann diese Theorie veröffentlichte, kommentierte Majorana, daß er damit alles gesagt habe, was man zu diesem Thema sagen konnte, und *wahrscheinlich schon zuviel.* Ein wissenschaftliches »zuviel« oder ein, sagen wir, moralisches »zuviel«?

1937 veröffentlichte Majorana seine »Teoria simmetrica dell'elettrone e del positrone« (Theorie über die Symmetrie von Elektron und Positron), die, wie wir glauben, nicht rezipiert und bekannt wurde. Das geschah erst zwanzig Jahre später, mit den von Lee und Yang entdeckten *elementary particles and weak interaction.*

Diese drei Fakten demonstrieren eine Tiefe und Schnelligkeit der Intuition, eine Sicherheit in der Anwendung der Methode, umfangreiche Kenntnisse und die Fähigkeit, sie auf dem raschesten Weg in die Praxis umzuset-

Hiroshima,
nach dem Abwurf der Bombe

zen, die Majorana durchaus befähigt haben konnten zu begreifen, was andere nicht begriffen, zu sehen, was andere nicht sahen, und gewisse Folgen vorwegzunehmen, wenn nicht auf dem Gebiete der Forschung und der Resultate, so doch auf dem Gebiet der Intuition, der Vision, der Prophezeiung. Amaldi sagt: *Einige der Probleme, mit denen er sich befaßte, die Methoden, die er dabei anwandte, und, allgemein gesehen, die Wahl der mathematischen Mittel, mit denen er sie in Angriff nahm, zeigen eine natürliche Tendenz, seiner Zeit vorauszueilen, die in manchen Fällen etwas Prophetisches an sich hatte.* Und Fermi äußert während eines Gespräches mit Giuseppe Cocconi 1938 nach Majoranas Verschwinden:

Denn sehen Sie, auf der Welt existieren Wissenschaftler verschiedener Kategorien. Personen zweiten und dritten

Ranges, die ihr Bestes tun, aber nicht weit kommen. Personen ersten Ranges, die zu Entdeckungen gelangen, welche für die wissenschaftliche Entwicklung von grundlegender Bedeutung sind. Aber dann gibt es noch die Genies wie Galilei und Newton. Ettore Majorana war eben ein solches Genie. Majorana besaß etwas, was damals niemand sonst auf der Welt besaß; unglücklicherweise mangelte es ihm dagegen gerade an dem, worüber die anderen normalerweise fast alle verfügen: an gesundem Menschenverstand.

Wenn Fermis Urteil korrekt wiedergegeben wurde, hat er allerdings offensichtlich etwas vergessen: Ein Genie wie Galilei und Newton gab es auch damals auf der Welt, nämlich Einstein. Wie dem auch sei, Majorana war Fermis Meinung nach ein Genie. Und warum hätte er also nicht sehen oder vorhersagen können, was die dritt-, zweit- und erstrangigen Wissenschaftler noch nicht sehen oder vorausahnen konnten? Außerdem hatte ein deutscher Physiker schon im Jahre 1921, auf die Atomforschungen von Rutherford hinweisend, geäußert: *Wir leben auf einer Insel aus Schießbaumwolle;* er fügte aber hinzu, daß wir Gott sei Dank noch nicht das Streichholz gefunden hätten, sie anzuzünden (offenkundig kam es ihm überhaupt nicht in den Sinn, daß man das Streichholz nicht anzünden mußte, wenn es einmal gefunden war). Warum sollte ein Genie der Physik, das fünfzehn Jahre später einer möglichen Kraft wie der Kernspaltung gegenüberstand, auch wenn diese noch keine anerkannte Entdeckung war, nicht begriffen haben können, daß dieses Streichholz schon da war – und voll Grauen, voll Entsetzen geflüchtet sein? Weil es ihm an gesundem Menschenverstand mangelte?

Es ist mittlerweile allgemein bekannt, daß Fermi und seine Mitarbeiter die Kernspaltung im Jahre 1934 theoretisch entdeckt hatten, ohne dessen gewahr zu werden: die

Spaltung des Urankerns. Ida Noddack hatte diesen Verdacht, aber weder Fermi noch andere Physiker nahmen ihre Behauptungen zunächst ernst, sondern erst vier Jahre später, Ende 1938. Ettore Majorana konnte sie sehr wohl ernst genommen und vorausgesehen haben, was die Physiker des römischen Instituts sich nicht vorzustellen vermochten. Um so mehr, als Segrè von »Blindheit« spricht. *Der Grund dieser unserer Blindheit ist auch heute noch nicht klar,* sagt er. Vielleicht neigt er dazu, diese Blindheit als eine Art Vorsehung zu verstehen, die verhütete, daß Hitler und Mussolini in den Besitz der Atombombe kamen.

Die Bewohner von Hiroshima und Nagasaki wären wohl nicht geneigt gewesen, das so anzusehen – wie es in Angelegenheiten der Vorsehung immer der Fall ist.

11

*I had forgot that foul conspiracy/Of the beast Caliban and his confederates/Against the life ...** Ein kurzes Wort, *mein* – mein Leben – ist vor Prosperos Satz davongeflogen. So wiederholen wir ihn uns, hinter dem Kartäusermönch einhergehend, der uns bei unserem Besuch durch das uralte Kloster führt. Er ist Holländer. In unserem Alter. Hochgewachsen, hager. Er stützt sich auf einen langen, derben Stock, wie ihn die Hirten und Eremiten tragen, und zieht unter Schmerzen einen dick verbundenen Fuß hinter sich her. Mechanisch erzählt er von der Geschichte des Ordens, der des Klosters, aber ab und an dreht er sich um, verweilt bei einem Satz oder einem Wort und fixiert uns mit einem klaren Blick, in dem jedoch etwas wie Mißtrauen, wie Ironie aufblitzt. Es ist, als errate er bereits die Fragen, die wir ihm stellen wollen. Und nimmt sie vorweg: so wehrlos wie entwaffnend. Die Geschichte des Ordens, sagt er, habe keine literarischen oder wissenschaftlichen Ruhmestaten zu verzeichnen. Das einzig Erwähnenswerte, was ein Kartäusermönch in diesem Kloster je geleistet habe, sei das Abschreiben einer alten Chronik gewesen.

Doch von dem Augenblick an, da wir diese Art kleiner, von Wäldern umgebener Zitadelle betreten haben, ist alle Angst, alle Neugier von uns abgefallen. Prosperos Satz hallt in unserem Gedächtnis wider, so laut wie zwischen

* Ich hab den elenden Anschlag ganz vergessen:
Die Bestie Caliban will ans Leben
Samt seinen Spießgesellen ...
(William Shakespeare, »Der Sturm«, in: Band 3, übersetzt von Erich Fried. Berlin 1989

kahlen Wänden. *I had forgot that foul conspiracy/Of the beast Caliban and his confederates/Against the life.* Und ständig reihen sich andere Sätze daran, von demselben Prospero gesprochen, Sätze aus derselben Szene des 4. Aktes aus dem Schauspiel »Der Sturm«, dem zweitletzten, ja, in gewissem Sinne sogar dem letzten Werk von Shakespeare:

... These our actors,/As I foretold you, were all Spirits and/Are melted into air, into thin air:/And, like the baseless fabric of this vision,/The cloud-capp'd towers, the gorgeous palaces,/The solemn temples, the great globe itself,/Yea, all which it inherit, shall dissolve/And, like this insubstantial pageant faded/Leave not a rack behind. We are such stuff/As dreams are made on, and our little life/Is rounded with a sleep ... *

Warum diese Visionen – der große Garten, in dessen Mitte, wie auf einem Bild von Desiderio, die Arkaden und die Fassade einer Kirche stehen: zerfallen, infolge eines Erdbebens, wie es in der kleinen Broschüre heißt, die uns der Kartäusermönch eingangs geschenkt hat; die langen und verlassenen Gänge, die leeren Zellen, jede mit einem Fenster, dessen Sims den Mönchen auch als Schreibpult diente (eine Lösung, sagt der Kartäuser, die Le Corbusier außerordentlich gefallen hat); die alten vergilbten Bilder,

* Unsere Spieler warn, wie ich Euch sagte,
Geister und sind jetzt aufgelöst in Luft. –
Und gleich dem grundlosen Stoff dieses Blendwerks
Werden die Türme, hoch, bis zu den Wolken,
Die prunkenden Paläste, hehren Tempel,
Ja, wird der große Erdball selbst und alles,
Was daran teilhat, sich auflösen und
Verblassen wie hier dieser Maskenzug
Ohne Substanz, daß keine Spur bleibt. – Wir
Sind solcher Stoff, aus dem Träume gemacht sind,
Und unser kleines Leben rundet Schlaf ab. –
(William Shakespeare, »Der Sturm«, a. a. O.)

Kloster San Giovanni degli Ermiti, Palermo

die zerfressenen Radierungen des Ordensgründers – alles dies gibt uns ein Gefühl von Auflösung, von Unwirklichkeit, wie es im Traum geschieht, wenn man weiß, daß man träumt. Aber vielleicht hat die Verlockung des einen Satzes zum darauffolgenden mehr mit dem Sinn unserer Reise, unseres Besuches zu tun, als wir denken: Vielleicht hat sich jemand in dieses Kloster vor dem Verrat des Lebens gerettet, indem er die Verschwörung gegen das Leben verriet. Aber die Verschwörung ist durch diese Flucht nicht aus der Welt geschafft, die Auflösung geht weiter, der Mensch zersetzt sich immer mehr und verdunstet zu jenem Stoff, aus dem die Träume sind. Und ist der Schatten, der wie aufgedruckt auf einem Mauerfetzen in Hiroshima zurückblieb, nicht schon wie ein Traum, ein Traum von dem, was der Mensch einmal »war«?

Nun, wir haben diese Reise gemacht, haben diese Zitadelle der Kartäuser betreten, um einer dünnen, beunruhigenden Fährte von Majorana nachzugehen. In Palermo sprachen wir eines Abends mit Vittorio Nistico, dem Direktor der Zeitung *L'ora,* über Majoranas rätselhaftes Verschwinden. Plötzlich kam Nistico eine ganz deutliche Erinnerung: Während des Krieges oder unmittelbar danach, so um das Jahr 1945 herum, hatte er damals, sehr jung, gemeinsam mit einem Freund ein Kartäuserkloster besucht, und während dieses Besuches hatte ihnen irgendein Laienbruder erzählt (die »Brüder« leben freier, der Welt mehr zugewandt als die »Patres«, führen jenes aktive Leben, welches es den Patres erlaubt, sich einem kontemplativen Leben hinzugeben; die Stunden, die die Patres dem Studium und der Lektüre geistlicher Schriften widmen, verbringen die Laienbrüder draußen beim Kochen und der Pflege des Gemüsegartens; oft verlassen sie auch das Kloster und unterhalten sich in aller Freiheit mit den Leuten von draußen) – damals also hatte ihnen jemand anvertraut, daß im Kloster, unter den Patres, *ein großer Wissenschaftler* lebe.

Um sich der Richtigkeit dieser Erinnerung zu versichern, rief Nistico sofort den Freund an, der ihn damals bei diesem Besuch begleitet hatte. Der Freund bestätigte es und präzisierte, daß der Laienbruder, der ihnen damals im Vertrauen die Mitteilung gemacht hatte, ein Neffe des Schriftstellers Nicola Misasi war. Aber da Nistico eben Journalist war, trieb es ihn, etwas Aktuelleres zu finden, etwas, von dem jetzt, in jüngerer Zeit die Rede war, anstatt der Spur jenes Wissenschaftlers nachzugehen, von dem ihnen der Neffe von Nicola Misasi vor mehr als dreißig Jahren erzählt hatte. Deshalb fügte er hinzu, daß man sage (was aber durchaus nicht sicher, sondern vielleicht nur Gerede sei), im Kloster, in diesem Kloster habe sich ein Mann von der Besatzung der B-29 aufgehalten oder halte sich dort noch immer auf, die die Atombombe über Hiroshima ausgeklinkt hatte.

Savinio* behauptete, ganz sicher zu sein, daß die Ruinen von Troja wirklich die von Schliemann entdeckten waren, weil während des Ersten Weltkrieges der *Agamemnon* sie beschossen hatte. Wenn die immer noch nicht beschwichtigte Wut Agamemnons sie nicht dazu angeregt hätte, warum sollten sie Kanonen auf Ruinen in einem Ödland richten? Die Namen sind nicht nur Schicksale, sie sind die Dinge selbst.

Das *Absurde und das Geheimnis nistet in allem, Giacinta,* sagt der Dichter José Moreno Villa.** Völlig »ratio-

* Alberto Savinio, der größte italienische Schriftsteller zwischen den beiden Weltkriegen (Bruder des größten italienischen Malers dieser Zeit, der sich Andrea De Chirico nannte). Aber wer kennt schon in Italien seine Werke, trotz der verdienstvollen zwei oder drei Neuauflagen seiner Bücher? Eben dieser Savinio, der sich mitunter über mittelmäßige oder dumme Leser ausließ, fragte sich: Gibt es unter den Savinio-Lesern Mittelmäßige oder Dumme? Was nicht als Frage, sondern als Behauptung zu verstehen war: Er war sicher, daß es sie nicht gab. Heute freilich, da sich die Zahl der Mittelmäßigen und mehr noch die der Dummen auf das erschreckendste vermehrt, glauben wir, daß sich die Zahl der potentiellen oder aktiven Savinio-Leser so verringert hat, daß es sie kaum noch gibt. Hoffen wir, daß die Übersetzung seiner Werke ins Französische, mit deren Veröffentlichung Gallimard begonnen hat, ihm außerhalb Italiens die Leserkreise erschließt, die hierzulande nicht wachsen, sondern immer kleiner werden.

** Um im Stil Savinios fortzufahren: dieser Vers haftet unauslöschlich im Gedächtnis dank jenem weiblichen Namen, der bei uns kaum gebräuchlich ist, obwohl Capuana ihn zum Titel eines Romans gemacht hat, der nicht einmal schlecht ist. José Moreno Villa gibt Giacinta das Attribut »peliculera«, ein unübersetzbares Wort, wenn es nicht mit filmtoll, Kinofan, den Mythen und Träumen des Films verfallen, umschrieben wird, das aber Montale, um des Reinal« dagegen ist das Geheimnis von Ursache und Wirkung, ein stetes und dichtes Gewebe von Bedeutungen, das von einem Punkt zum anderen, von einer Sache zur anderen, von einem Menschen zum anderen führt – kaum sichtbar, fast unaussprechlich. In dem Augenblick, in dem Nistico uns von der unerwarteten, unvorhersehbaren, unglaublichen Kunde berichtete, die die ferne Stimme des Freundes ihm bestätigt hatte, erleben wir eine metaphysische Offenbarung, eine mystische Erfahrung: Wir haben, jenseits der Vernunft, die rationale Sicherheit erhalten, ob sie nun mit den realen und nachprüfbaren Fakten übereinstimmt oder nicht, daß jene zwei gespenstischen Tatsachen, die beide auf den gleichen Punkt hinausliefen, nicht ohne Bedeutung sein könnten. Der Verdacht Nisticos, daß der »große Wissenschaftler«, von dem ihm vor dreißig Jahren »Bruder« Misasi erzählt hatte, auch Majorana sein könnte; das Gerücht, daß sich im selben Kloster auch der amerikanische Offizier aufgehalten habe oder vielleicht noch aufhalte, von Gewissensbissen gepeinigt, weil er diesen verhängnisvollen Bomber kommandiert oder zu seiner Besatzung gehört hatte – konnten diese beiden Dinge nicht in Beziehung zueinander gebracht werden, sich

mes willen, mit »fotogen« übersetzt hat. In diesem Vers ließe sich die gesamte Dichtung Moreno Villas zusammenfassen, wenn man das alberne Spiel mitmachen wollte, wie es jemand zwischen Futurismus und Fragmentarismus auf die italienische Dichtung angewandt hat: ein Vers, der einen ganzen Dichter charakterisiert, ein Vers, der in einer Mikro-Anthologie nicht fehlen durfte. Wobei nur für Dante eine Ausnahme gemacht wurde, von dem man zwei Zeilen aufnahm. Für solch alberne Spiele ist freilich symptomatisch, daß sie in Anfällen von Verzweiflung aufkommen: wie in diesen Nachkriegsjahren, als das Spiel erfunden wurde, welche zehn Bücher es sich lohnen würde, vor der nuklearen Zerstörung zu retten. Als ob es genügte, die zehn Bücher zu retten, wenn man nicht imstande ist, die Menschen zu retten, die diese Bücher auch lesen können. Und so hat uns diese kurze Abschweifung im Stil Savinios wieder zu unserem Thema zurückgeführt.

nicht ineinander spiegeln, sich nicht wechselweise erklären, nicht die Bedeutung einer Enthüllung haben?

Aber jetzt, dem Kartäusermönch folgend, der uns durch Gänge, Treppen und Zellen führt, möchten wir keine Fragen stellen, nichts überprüfen. Wir fühlten uns mitverstrickt, zur Wahrung eines Geheimnisses verpflichtet. Wir stellen einige Fragen: aber nur, wenn der Mönch sich umdreht und uns forschend ansieht, Fragen erwartend, immer mit diesem Blick, in dem Mißtrauen und Ironie blitzen. Halten sich Amerikaner im Kloster auf? Nein, zur Zeit nicht, einer ist zwei Jahre lang hier gewesen, dann wieder ausgetreten, auch aus dem Orden, glauben wir zu verstehen. Aus einem Vortrag, den er über die Amerikaner hält: Zuerst brennen sie darauf, solch ein Leben zu führen, dann werden sie unruhig, dann müde. Von der Unmöglichkeit, daß Wissenschaftler hier unter den Kartäusern wären, hat er, unseren Fragen zuvorkommend, schon gesprochen. Aber wenn nun einer »vorher« Wissenschaftler gewesen sei, »vorher« Schriftsteller oder Maler? Er breitet die Arme aus, lächelt leise.

Dann sind wir auf dem Friedhof: dreißig Hügel aus roter Erde, wie Sarkophagdeckel geformt, ein schwarzes Holzkreuz auf jedem Grab. Ohne Namen. Jeder »Pater« oder »Bruder«, der stirbt, wird derart in der Reihenfolge neben einen anderen gelegt, daß der jüngst Verstorbene neben einem lange vor ihm Verstorbenen liegt. Auf dem dritten Grabhügel links liegen Blumen: Dort ist der Prior begraben, der vor einigen Monaten gestorben ist. Der nächste, der sterben wird, kommt in das vierte Grab, neben einen, der schon länger als dreißig Jahre tot ist. Ein endgültiger, heiliger Friede herrscht zwischen diesen schwarzen Kreuzen. Auch wir fühlen Frieden in uns.

An der Schwelle, als er sich von uns verabschiedet, fragt der Kartäusermönch: *Ho dato risposta a tutti i vostri quesiti?* Habe ich alle Ihre Fragen beantwortet? Er sagt tatsächlich *quesiti*. Aus der Unsicherheit seines Italienisch oder der Sicherheit seines Lateins heraus?

Wir haben wenige Fragen gestellt, er hat viele erraten und ist ihnen ausgewichen. Aber wir antworten: Ja.

Und es ist die Wahrheit.

Leonardo Sciascia, 1921 in Sizilien geboren, war zuerst Volksschullehrer, danach freier Schriftsteller, zeitweilig Parlamentsabgeordneter.
Bekannt wurde er durch die (auch verfilmten) Mafia-Romane »Tag der Eule« und »Tote auf Bestellung«.

Nach Italien!

Leonardo Sciascia **Mein Sizilien**

Wer Sizilien liebt: hier ist sein Buch! Miniaturen über ›das Sizilianische‹, den sizilianischen Don Giovanni und eine unmögliche Hauptstadt, über Luftschlösser und die Schlösser des Leopard, über die sizilianischen Küsten und die Dörfer am Ätna.

Aus dem Italienischen von Martina Kempter und Sigrid Vagt

SVLTO. Rotes Leinen. Fadengeheftet. 144 Seiten mit Photos

Leonardo Sciascia **Das weinfarbene Meer**

Die besten Erzählungen Sciascias, von ihm selbst ausgewählt. Wo könnte man Sizilien mit seinen Besonderheiten und Bewohnern besser kennenlernen als in diesen Geschichten?

Aus dem Italienischen von Sigrid Vagt

WAT 478. 168 Seiten

Andrea Camilleri **Fliegenspiel**

Sizilianische Geschichten

Camilleri nimmt uns mit auf eine Entdeckungsreise in seine Heimat Sizilien. Hier, wo Mühlen über Nacht abgebaut werden und Telephonanträge zu Explosionen führen, geschehen auch andere seltsame Dinge. Sie werden in diesem vergnüglichen Taschenmuseum als funkelnde Fundstücke vorgeführt.

Aus dem Italienischen von Moshe Kahn

SVLTO. Rotes Leinen. Fadengeheftet. 96 Seiten

Carlo Emilio Gadda **Die Wunder Italiens**

Der Klassiker der modernen italienischen Literatur zeigt uns die Geheimnisse seines Landes – von den lombardischen Reisfeldern bis zu entlegenen Dörfern der Abruzzen.

Aus dem Italienischen von Toni Kienlechner

SVLTO. Rotes Leinen. Fadengeheftet. 128 Seiten

Umberto Eco **Mein verrücktes Italien**

»Das Schöne daran, es ist live!« ruft die begeisterte Zuschauerin des Palio in Siena. Im Hintergrund schreibt Umberto Eco mit – der Zeichentheoretiker entziffert die Zeichen seines Landes.

Aus dem Italienischen von Burkhart Kroeber

WAT 370. 128 Seiten

Das Verschwinden des Ettore Majorana
erschien als 119. *SVLTO* im August 2003

Die italienische Originalausgabe erschien 1975 unter dem Titel
La scomparsa di Majorana bei Einaudi in Turin.
Die erste deutsche Ausgabe erschien 1978 unter dem Titel
Der Fall Majorana bei Seewald in Stuttgart.

Bildnachweis:
Die Bilder auf dem Frontispiz sowie den Seiten 23, 26, 28, 32, 36, 39, 53, 70 wurden mit freundlicher Genehmigung entnommen: Recami, E., Il Caso Majorana, Milano 1987, (Mondadori).
Die Bilder auf den Seiten 28, 46, 67, 87 wurden vom DIZ München zur Verfügung gestellt.

2. Auflage im Dezember 2003

Emser Straße 40/41, 10719 Berlin
Umschlaggestaltung von Birgit Thiel unter Verwendung des Photos:
Kloster San Giovanni degli Ermiti, Palermo. © Süddeutscher Verlag.
Gesetzt aus der Sabon von Greiner & Reichel, Köln.
Bucheinbandstoffe von Ernstmeier, Herford.
Gedruckt auf chlor- und säurefreiem Papier und gebunden
von Clausen & Bosse, Leck.

ISBN 3 8031 1218 4

9 783803 112187